阅读成就思想……

Read to Achieve

心理咨询与治疗经典译丛·触摸你的无意识

国际荣格分析心理学协会
International Association of Analytical Psychology

武汉发展小组

梅兰妮·克莱因精神分析

[英]汉娜·西格尔　著
（HANNA SEGAL）

李航　段锦矿　译

施琪嘉　审译

INTRODUCTION
TO THE WORK OF MELANIE KLEIN

中国人民大学出版社
·北京·

图书在版编目（CIP）数据

梅兰妮·克莱因精神分析 /（英）汉娜·西格尔
（Hanna Segal）著；李航，段锦矿译. -- 北京：中国
人民大学出版社，2025.7. -- ISBN 978-7-300-34064-7

Ⅰ. B841

中国国家版本馆 CIP 数据核字第 2025SX3932 号

梅兰妮·克莱因精神分析

［英］汉娜·西格尔（Hanna Segal）　著

李　航　段锦矿　译

MEILANNI KELAIYIN JINGSHEN FENXI

出版发行	中国人民大学出版社		
社　　址	北京中关村大街 31 号	**邮政编码**	100080
电　　话	010-62511242（总编室）	010-62511770（质管部）	
	010-82501766（邮购部）	010-62514148（门市部）	
	010-62511173（发行公司）	010-62515275（盗版举报）	
网　　址	http://www.crup.com.cn		
经　　销	新华书店		
印　　刷	北京联兴盛业印刷股份有限公司		
开　　本	890 mm×1240 mm　1/32	**版　次**	2025 年 7 月第 1 版
印　　张	6.5　插页 2	**印　次**	2025 年 7 月第 1 次印刷
字　　数	117 000	**定　价**	69.90 元

推荐序

象征的转化

梅兰妮·克莱因作为一名女性，早年丧父，中年丧子，其间还遭到女儿的背叛、挚爱导师的去世，从维也纳到布达佩斯，再辗转到柏林，最后又到伦敦，和弗洛伊德的小女儿安娜·弗洛伊德（Anna Freud）开始了长达五年的大论战。她最终树立了属于自己的学派，为儿童精神分析开辟了全新的理解途径。

克莱因的文章虽然很多，但和弗洛伊德的主要差别在于，人们是应该遵循现实检验原则还是快乐原则。作为精神分析的创始人，弗洛伊德在深入探索无意识的同时，惯性地强调了现实检验原则，也就是超我的作用。小女儿安娜基于她曾任教师的身份，进一步强调了自我的功能。而克莱因却对婴儿和儿童的内心进行了探索，认为幻想即现实，其实就是在快乐原则的前提下对婴儿的内心世界进行了探索。这奠定了客体关系理论的重要基础，对精神分析理论做出了重大的补充和贡献，并在英国形成了克莱因学派、自我心理学派和中间学派三足鼎立的势态。其中，中间学派的很多人直接和间接受到克莱因的巨大影响。

如今，人们在理解幼儿心理，包括理解成人精神病人的心理时，克莱因提出的投射、投射性认同及对很多原始防御机制的描述成为精神分析中人们耳熟能详并津津乐道的基本概念。偏执-分裂心位、躁狂心位和抑郁心位不再是精神病的现象学描述，而是对婴儿早期内心状态的描述，当现实照进早期婴儿内心时产生了折射、扭曲、夸大和带有标签性的精神病性的妄想，这些概念把以往不理解并标签性定义为精神病的症状勾勒成儿童理解、逃避和创造现实的生动图景，正是这些充满创意的原初思维使得我们的孩子存活下来，这也构成了他们对世界的看法的出发点。如果遇到友好的环境和充满爱的父母，这也会在今后他们的理想的浪漫个人主义倾向上发挥重要的作用。理解和尊重并且保护儿童的这种状态，并给予他们发展自己想法的空间，是成人社会不那么无趣和无聊的前提。

如今再读这本《梅兰妮·克莱因精神分析》，我深深感觉到它对日益焦虑的社会和被成人社会逼得逃无可逃的孩子都将是一剂清凉剂，值得专业人士、教育工作者以及所有父母阅读。

2025 年 3 月 24 日于莱顿园

梅兰妮·克莱因无疑是继弗洛伊德之后最具开创性的精神分析学家之一，她被誉为"客体关系理论之母"，其理论至今仍对当代精神分析的临床实践有着深远的影响。作为一位敢于在伦敦与弗洛伊德的女儿安娜·弗洛伊德展开精神分析理论大论战的女性，克莱因不仅深入探究了婴儿的无意识幻想，还提出了超我形成的时间远早于俄狄浦斯期的观点。正是她对早期无意识幻想的深入探究，从而将精神分析从驱力视角引向了客体关系的领域。

初次接触克莱因理论的人，往往会对其充满好奇与震惊。例如，她关于婴儿的攻击性、分裂、投射性认同等防御机制的论述，初看之下或许显得晦涩难懂。然而，当深入阅读她对个体心理过程的描述时，又不得不对其独特的视角和深刻的洞察力拍案叫绝。汉娜·西格尔的《梅兰妮·克莱因精神分析》就是这样一本能够引导读者走进克莱因理论世界的书籍。在这本书中，西格尔以简洁明了的语言阐述了克莱因的核心概念，帮助我们更好地理解和把握克莱因理论的关键部分。

近年来，国内已经出版了一系列克莱因相关的译著，2025年也刚出版了一本关于克莱因学派思想的辞典。我们希望这本书也能成为大家理解克莱因理论的重要工具书之一。

这本书的翻译工作其实早在几年前就已经由段锦矿在其公众号上发表，网络上也流传着他早期翻译的版本，为读者们的学习提供了便利。后来，施琪嘉老师联系到了出版社并获得了这本书的版权，由李航负责翻译。翻译过程中经过多轮修改，力求为读者呈现出清晰、准确的理论解读。在我们最后一次提交终稿，再加上这么多年对克莱因理论的学习和沉淀，再次审视这本书时，我们更加深刻地感受到汉娜·西格尔对克莱因理论阐述的清晰性。她巧妙地运用临床案例，让读者能够充分地看到并理解克莱因的核心概念。

如引言所述，这本书源自汉娜·西格尔在伦敦精神分析学院的分析师培训课程讲稿，她的宗旨在于对克莱因理论做纲领性的介绍，以引导读者进一步学习。从各章的内容编排中，我们可以感受到西格尔的良苦用心：她努力将两个方面结合起来，一方面要考虑到克莱因作品的时间顺序，因为这样可以让读者明晰克莱因理论发展的各阶段，例如，在第1章中，她从"克

莱因的早期工作"开始着手写作；另一方面，西格尔想让读者
了解克莱因理论的最终发展，所以她之后放弃了时间顺序，开
始从整体上对克莱因理论进行阐述，例如从第 3 章的"偏执－
分裂心位"到第 6 章的"抑郁心位"。

这本书不仅仅是对克莱因理论的概述，实际上，汉娜·西
格尔通过她自己的视角对克莱因理论进行了重新组织和阐述。
例如，第 2 章对"无意识幻想"的概念做了详细论述，这是一
项非常重要的基础性工作，有利于精神分析初学者理解弗洛伊
德的"超我"和克莱因的"内部客体""投射性认同"等概念。
汉娜·西格尔写道：

然而，理解"无意识幻想"的概念将有助于消除这种对立。
在描述超我时，弗洛伊德并不是说我们的潜意识中实际上存在
一个小人儿，而是说它是我们关于自己身体和心灵的无意识幻
想。虽然弗洛伊德从未明确指出超我是一种幻想，但他确实明
确地表明，人格中的这一部分源自儿童在幻想中内摄了父母的
形象——这些形象是被儿童自身投射并扭曲的父母形象。

精神分析学家也对克莱因关于"内部客体"的描述提出了
类似的批评。我同样需要指出，这些内部客体并非位于身体或
心灵中的具体"物体"。与弗洛伊德一样，克莱因所描述的是人
们对身体或心灵所包含内容的无意识幻想。

在阐述克莱因理论的核心概念时，汉娜·西格尔也做了重要的补充。她在第3章"偏执–分裂心位"中写道：

> 分裂机制还涉及迫害焦虑和理想化。当然，如果这两种心理状态在成年后仍保持其原始形态，它们便会扭曲一个人的判断。然而，一定程度的迫害焦虑和理想化因素始终存在，并在成年人的情感生活中扮演着重要的角色。适度的迫害焦虑是识别和应对真实外部危险情境的前提；理想化则是信任客体之好和自我之好的基石，也是良好客体关系的先驱。与好的客体的关系通常包含一定程度的理想化，这种理想化存在于诸多情境之中，例如坠入爱河、欣赏美、形成社会或政治理想。尽管这些情感并非完全理性，但它们丰富了我们的生活体验。
>
> 投射性认同亦有其独到的价值。首先，它是共情的最初形态，正是基于投射性认同与内摄性认同，我们才得以具备"设身处地为他人着想"的能力。其次，投射性认同是最早期象征形成的基础，通过将自身的一部分投射至客体，并将客体的某些部分内化为自身的一部分，构建了自我早期最原始的象征。

这些阐述如此迷人，让我们对"分裂""理想化"和"投射性认同"等概念有了更全面的理解，这些防御机制也由此得到了"正名"，不再总是和精神病理联系起来。这些防御机制是必要的，它们不仅保护了自我免受即时的、湮没性焦虑的伤害，也是个体发展过程中一个渐进的步骤。

"Envy"是克莱因理论中最为重要的概念之一。在此，我们对这一术语的翻译作一说明。目前国内主要有"嫉羡"与"嫉毁"两种主流译法，而我们选择了"妒忌"这一译名。这一选择主要基于林涛博士对"envy"在理论层面的辨析。林涛博士指出，"羡慕"是抑郁位的成就，基于生存与死亡本能的整合，是一种更为成熟的情感，因此"嫉羡"可能更贴近某些特定语境，但未必完全契合"envy"的含义。"嫉毁"突出了"envy"的破坏性，但相对来说用词较为生僻，可能对读者的直觉理解形成一定的挑战。而"妒忌"一词兼具理论的准确性和直观性——"妒"强调对客体美好部分的占有欲与敌意；"忌"则蕴含着强烈的敌意与排斥之意，是对他人的优势与美好产生威胁感时的情绪反应。这一译法更适合广泛的语境传播，也更易引发读者的共鸣，因此我们建议采用这一译法。

本书还有一个鲜明的特点，即在阐述克莱因的理论时，汉娜·西格尔使用了自己的许多临床实例，以便更好地传达这些理论观点。

例如，在描述分裂防御机制时，书中提到了一位患者幻想自己拿着一把大刀，割下分析师的乳房并扔到了街上。在另一个梦里，患者看到一个小女孩坐在地板上用一把剪刀做剪纸，她把做好的剪纸（理想化部分）留给自己，而废纸（无价值部分）铺满了地板，其他孩子正忙着收拾。

在描述投射性认同时，书中提到了一个 5 岁小女孩的案例，她送给分析师一朵毛地黄花（foxglove），实际上送的是一只危险的动物——狐狸（fox），后者代表了她人格中"狡猾的狐狸"部分。她想让她那坏的、具有破坏性的"狡猾的狐狸"部分溜进分析师的身体，并占据和控制分析师。

书中还描述了一个例子，某位患者梦见自己被一群烟民侵扰。在这里，坏的部分不是代表着某一个烟民，而是一大群烟民。也就是说，坏客体被分裂成了一组迫害性的碎片。实际上，这是因为患者将坏的自我部分投射到客体身上，导致患者感觉自己被许多坏客体迫害。

在书中，西格尔提供了许多生动的例子，以帮助读者更形象地理解克莱因理论中的核心概念。由于篇幅有限，我们无法一一列举，但相信读者在阅读过程中能够自行品味和发现这些精彩之处。

最后，我们要感谢促成这本书出版的种种机缘。两位译者李航和段锦矿于 2017—2021 年间在中国心理卫生协会国合基地"克莱因学派理论与治疗实务"项目中结识，该项目由王倩博士主持。在翻译和校对过程中，我们相互交流、密切合作，度过了非常愉快的时光。

我们还要特别感谢施琪嘉老师。他独具慧眼地选中了这本书，并全力支持和推动了它在国内的出版。我们深知其中的艰辛与不易，并对他表示由衷的敬意和感谢。最后，我们也要感谢出版社的编辑老师们，你们的专业工作是这本书能够顺利面世的关键一环。

李航　段锦矿

2025 年 1 月

◢◢ 引 言

　　基于伦敦精神分析学院多年的系列课程，本书得以问世。鉴于学生们多次向我索要课程讲义，我深信将其编纂成书是大有裨益的。

　　需要特别指出的是，对于读者而言，在深入学习本书内容之前，最好能够对弗洛伊德的理论有一个全面且深刻的理解。本书作为精神分析训练第三年的学习材料之一，旨在介绍梅兰妮·克莱因对精神分析理论和实践的贡献。然而，我的讲座内容仅提供了一个简明扼要的概览。由于精神分析理论根植于临床实践，并最终服务于对临床材料的理解，我希望通过分享自己的临床案例，使这些理论观点得以更加生动和深刻地传达。

　　这些讲座仅仅是对克莱因理论的纲领性介绍，它们可以用于引导读者的进一步阅读，但无法替代对相关文献资料的学习。由于参考文献太多，因此我在本书中并没有对所用文献进行具体标注，而只是将其作为附录加在每章的最后^①。由于 W.R. 比昂（W.R. Bion）的贡献具有独特的地位，因此在第5章"偏执-分裂心位的病理"中我使用了他的术语。附录中备有克莱因女士作品的英文版完整编年书目，以及关于其作品的评论性著述之精选书目。

　　本书各章节的顺序与我的讲座的顺序相同。从某种意义上说，精神分析理论的逐步构建与个体的成长历程在顺序上呈现出一种相反的态势：弗洛伊德最初通过对成人神经症的深入研究，进而促成了其关于儿童期的关键性发现；而后续对儿童期的研究，又为其探索婴儿期的奥秘奠定了基础，每一次对早期发展阶段的探索，都为后续阶段的理解增添了丰富的内涵，并带来了新的启示。无独有偶，梅兰妮·克莱因在与儿童的临床工作中积累了大量有力的证据，从而证明了俄狄浦斯情结和超我的存在时间远比先前所设想的要早；随着探索的持续深入，她逐步发现了俄狄浦斯情结的早期根源，紧接着提出了抑郁心位的概念，最终又进一步提出了偏执-分裂心位的概念。若我依循梅兰妮·克莱因作品的时间脉络来撰写，那么她的作品与弗洛伊德作品之间的关联将愈发明晰，其理论发展的各个阶段亦能得以清晰呈现。然而，倘若我从最早的婴儿期着手，依据

---

① 我只列出涉及梅兰妮·克莱因工作的论文，因为在学生训练的早期课程中已经涵盖了经典分析文献。——编者注

梅兰妮·克莱因的理论来勾勒个体心理成长的轨迹，亦有诸多益处。但若采用此种方式行文，在开篇所描述的发展阶段便会遭遇诸多特殊难题，这一时期的心理现象远离成人经验，难以深入探究，亦最具争议性。因此，我决定尝试融合这两种方法。在第1章中，我对梅兰妮·克莱因的早期作品进行了概述，试图展现她的工作，尤其是在儿童精神分析领域的进展。继而，我阐述了"无意识幻想"这一概念的内涵。此后，为了呈现她关于心理发展的最终理论，我便不再拘泥于时间顺序。基于前几章所积累的知识，我相信读者已具备足够的理解力来领会这些理论，故而我便可将其整体呈现于读者面前。

鉴于本书的诸多章节都聚焦于对偏执－分裂心位与抑郁心位所涉及现象的描述，故我以为，从一开始就尝试阐释"心位"这一概念，应是大有裨益的。从一定意义上讲，偏执－分裂心位与抑郁心位可视为一种发展序列，它们可被视作口欲期的进一步细分阶段。偏执－分裂心位大致涵盖了婴儿出生后的三至四个月，而抑郁心位则对应着婴儿出生后第一年的下半年时光。在偏执－分裂心位阶段，婴儿尚无法察觉到一个完整的"人"，他将母亲当作部分客体来构建关系，此阶段普遍存在着分裂过程以及偏执焦虑。直至婴儿能够将母亲作为一个完整的人来认知，方才标志着抑郁心位的开启。抑郁心位的特征则包括婴儿把母亲作为整体客体来建立关系，以及整合过程、矛盾心理、抑郁性焦虑和内疚感的普遍存在。然而，梅兰妮·克莱因使用"心位"一词，旨在凸显这样一个事实：她所描绘的现象，并非仅是一个如口欲期般的短暂"时期"或"阶段"；心位实则是一种蕴含了客体关系、焦虑与防御机制的特定型构，此种型构将贯穿人的一生。抑郁心位永远不会彻底取代偏执－分裂心位，整合的状态始终处于一种未完成的形态。对抑郁性冲突的防御机制会引发个体朝向偏执－分裂心位的退行，因此个体总是在这两种心位之间摆荡。在后续发展阶段所遭遇的问题，例如俄狄浦斯情结，可能会以偏执－分裂性或抑郁性的客体关系、焦虑和防御机制来解决，且神经症性防御机制可由偏执－分裂型或躁狂－抑郁型人格发展而来。抑郁心位所形成的客体关系整合模式，将深深扎根于人格结构的根基之中。在后续发展进程中，抑郁性焦虑将逐步得到舒缓，并慢慢变得不那么严重。

在人格结构中，总有一些偏执和抑郁性的焦虑持续活跃。然而，倘若自我足够整合，并在抑郁心位的修通过程中与现实建立起相对稳固的关系，那么精神病性防御机制便会逐步被神经症性防御机制所取代。因此，在梅兰妮·克莱因看来，婴儿期的神经症是对潜在的偏执和抑郁性焦虑的一种防御，是控制并修通焦虑的一种方式。随着抑郁心位启动的整合过程的持续推进，焦虑会逐渐减轻，精神病性和神经症性防御机制也将逐渐被修复、升华和创造力所替代。

目 录

第 1 章

梅兰妮・克莱因的早期工作

梅兰妮·克莱因对精神分析理论与技术的贡献大致可分为三个不同阶段。

第一阶段始于她的论文《论一个儿童的发展》（*On the Development of the Child*），终于她在 1932 年出版的《儿童精神分析》（*The Psycho-Analysis of Children*）一书。在此阶段，她奠定了儿童精神分析的基石，将俄狄浦斯情结与超我的起源追溯至更早的时期。

在第二阶段，她提出了"抑郁心位"与"躁狂防御"的概念，这些观点在她的论文《论躁郁状态的心理成因》（*A Contribution to the Psychogenesis of the Manic Depressive States*）和《哀伤及其与躁郁状态的关系》（*Mourning and its Relation to Manic Depressive States*）中得到了重点阐述。

第三阶段的工作涉及她所称的"偏执－分裂心位"，即生命的最早期阶段，主要在她的论文《对某些分裂机制的论述》

（*Notes on some Schizoid Mechanisms*）和著作《嫉羡与感恩》^①（*Envy and Gratitude*）中得以详细阐释。

自 1934 年提出"心位"这一概念起，克莱因的理论视角经历了重大转变。此前，她追随弗洛伊德和亚伯拉罕，借助性欲阶段以及自我、超我与本我的结构理论来阐释她的发现。然而，自 1934 年起，她开始主要运用"心位"这一结构性概念来呈现其研究成果。"心位"概念与自我、超我及本我的概念并不相悖，而是借助偏执 – 分裂心位与抑郁心位，来阐明超我与自我的实际结构，以及它们之间关系的特质。

本章将会回顾梅兰妮·克莱因 1934 年之前的工作，以展现她的研究是如何从经典弗洛伊德理论中演变而来，又在何处开始呈现出差异，以及这些早期观点是如何为其后续理论发展奠定基础的。

20 世纪 20 年代，当克莱因开始对儿童进行分析工作时，她对儿童的早期发展获得了崭新的认知。正如在科学发展进程中经常出现的一样，新工具的运用催生了新的发现，而这些新发现又能促进新工具的精进。在儿童精神分析领域，游戏技术便是这样一个新工具。受弗洛伊德对儿童卷轴游戏的观察所启

————————————————————

① 关于 envy 译法，译者已在其序中做了说明。这里仅是以已出版的书名为准。——译者注

发，克莱因发现儿童的游戏能够象征性地呈现其焦虑与幻想。鉴于幼儿无法进行自由联想，她将儿童的游戏视为他们的言语表达，即她认为这些游戏是儿童无意识冲突的一种象征性表达。

此方法为她开辟了通往儿童无意识的路径：诚如对成人的分析一般，她紧密追踪移情与焦虑，进而发现了儿童那广阔无垠的无意识幻想与客体关系世界。

她对儿童所呈现的游戏材料的观察，直接印证了弗洛伊德的儿童性欲理论。然而，这并非全部，她还发现了一些出乎意料的现象。

人们普遍认为俄狄浦斯情结在三四岁左右开始显现，但克莱因观察到，两岁半的儿童便已展现出俄狄浦斯式的幻想与焦虑，且很显然这些幻想与焦虑已存在一段时间。此外，与性器期的倾向相似，前性器期的倾向似乎也与这些幻想紧密相关，并在俄狄浦斯焦虑中扮演了重要角色。在较大儿童的俄狄浦斯情结中，这些前性器期的倾向同样发挥着关键作用，并在很大程度上加剧了俄狄浦斯焦虑。超我的出现时间远比经典理论所预期的要早，且似乎具有极为野蛮的口腔、尿道和肛门施虐特征。以厄娜（Erna）① 为例，她的母性超我——"渔妇"与"橡

---

① 厄娜和莉塔是克莱因的《儿童精神分析》一书中提到的儿童。——译者注

胶女人",展现出与她自身性幻想相同的肛门和口腔特征。两岁九个月的莉塔(Rita),在夜惊中感受到一个来自父母的威胁,他们会咬掉她的生殖器,并摧毁她的婴儿。对这些父母形象的恐惧扰乱了她的游戏和日常活动,而且在其他患者身上也呈现出类似的严厉超我。

通过在移情中紧密追踪儿童早期客体关系与焦虑的象征与重复,克莱因发现儿童的客体关系可追溯至遥远的过去,即在儿童将父母视为完整个体并建立关系之前,他们与部分客体(如乳房和阴茎)所建立的关系。她还发现,这些早期的客体关系所引发的焦虑,可能会对后续的客体关系及俄狄浦斯情结的表现形式产生深远的影响。这些早期客体关系的特征是,幻想发挥了重要作用。毫不奇怪,越小的儿童越受到全能幻想的影响。克莱因紧密关注儿童的无意识幻想与真实经历之间复杂的相互作用,以及儿童如何逐步与外部客体发展出更现实的关系。她发现,在成人分析中常见的攻击性和力比多(libido)①,在儿童发展的早期阶段表现得更为激烈。她还注意到,儿童的焦虑更多地源自攻击性而非力比多(这与弗洛伊德后期的焦虑理论相一致),并且防御机制的建立主要是为了对抗这些攻击性和焦虑。在压抑防御形成之前,否认、分裂、投射和内摄等防御机

①　力比多是指人类生而具有的驱使个体寻求快感的心理能量。源自奥地利著名心理学家西格蒙德·弗洛伊德的精神分析理论。——译者注

制显得更为活跃。克莱因发现，幼儿在焦虑的刺激下不断尝试分裂他们的客体和感觉，试图保留好的感觉并内摄好客体，同时驱除坏客体，并将坏的感觉投射出去。随着儿童客体关系的变化，以及现实与幻想之间的持续相互作用，再加上分裂、投射与内摄等防御机制之间的变换，克莱因揭示了儿童如何构建出一个复杂的内部世界。当然，超我也是一个内部的幻想客体，但通过观察超我如何在儿童的内部世界中逐步建立，克莱因发现，人们原本认为超我形成于性器期，这其实只是复杂发展过程中的最后一步。她还发现，不仅自我与内部客体存在不同类型的关联，而且儿童感知到内部客体之间也存在着联系。因此，当父母双方被内摄进来后，儿童对父母性交的幻想就成为其内部世界的重要组成部分。

克莱因关于儿童及成人的工作成果，不仅在多篇论文中有所呈现，也在其著作《儿童精神分析》中得以阐述。这些工作引领她提出了自己的理论构想，包括俄狄浦斯情结的早期阶段、基于早期客体关系的超我等。这些构想重点关注了儿童的焦虑、防御以及客体关系（涵盖部分客体关系和整体客体关系）。

在口腔施虐阶段，婴儿会攻击母亲的乳房，并将其视为既是遭到破坏的，又是具有破坏性的——"一个坏的迫害性内在乳房"。克莱因认为，这是超我的迫害性和施虐的最早起源。与这种内摄相类似，婴儿在爱与满足的情境下内摄了一个理想的、他所爱的且也爱着他的乳房，这是超我的自我理想方面的起源。

　　不久之后，由于婴儿在与乳房的关系中感受到挫折和焦虑，他的欲望和幻想便扩展到了母亲的整个身体。在婴儿的幻想中，母亲的身体内蕴藏着一切美好的事物，包括新的婴儿和父亲的阴茎。当这种扩展发生时，早期的主导情感和幻想使得婴儿对父母性交的最初感知带有一种口欲性质。在婴儿的幻想中，母亲通过性交将父亲的阴茎纳入体内，因此，母亲身体中的美好事物便包括了这个被纳入的阴茎。

　　婴儿将所有的力比多欲望转向母亲的身体，然而，由于挫折、妒忌和仇恨的影响，他也把所有的破坏性转向了母亲的身体。这些欲望同样指向婴儿幻想中存在于母亲体内的客体，并且在与这些客体的关系中，婴儿既有贪婪的力比多欲望，也有将它们挖出和吞噬的幻想。或者，由于仇恨和妒忌，婴儿也有撕咬和摧毁它们的攻击性幻想，例如，厄娜幻想用母亲体内的东西制作"眼睛沙拉"。

　　不久之后，除了口腔施虐之外，婴儿又增加了尿道施虐（即用尿淹溺、切割和燃烧的幻想）和肛门施虐（早期以爆发性的肛门施虐为主，后期则变得更加神秘和恶毒）。这些针对母亲身体的攻击使得婴儿产生了一种幻想，即认为母亲的身体是一个可怕的地方，其中充满了被毁坏的、会报复婴儿的客体，尤其是父亲的阴茎。

基于对婴儿与母亲身体关系的理解，克莱因阐明了幻想和无意识焦虑在婴儿与外部世界的关系中的作用，以及象征形成（symbol-formation）对于儿童发展的作用。在口欲期矛盾情感达到顶峰时，婴儿幻想自己穿透并攻击了母亲的身体及其内部客体，将其变成了一个引发焦虑的客体，这迫使婴儿将兴趣从母亲的身体转移到周围的世界。因此，通过象征化（symbolization）这一机制，儿童对母亲身体的兴趣开始扩展到整个外部世界。一定程度的焦虑对促进儿童的发展是必要的，但如果这种焦虑过于强烈，象征形成的过程就会受阻。在论文《象征形成在自我发展中的重要性》（*The Importance of Symbol-Formation in the Development of the Ego*）中，克莱因描述了一个患有精神病的男孩迪克，他在象征形成方面遇到了严重障碍，导致他无法对周围的世界产生任何兴趣。分析显示，迪克对母亲身体的攻击性幻想引发了严重的焦虑，使他无法对母亲产生任何兴趣，因此也无法象征化地对其他客体或关系产生兴趣。克莱因描述道，迪克穿透母亲身体的幻想伴随着投射和认同，这为她后来提出关于投射性认同这一防御机制的概念奠定了基础。她最先注意到，在精神病发生的过程中，受影响的是象征形成的本质。她在这方面的工作对后人关于精神病性状态本质的研究产生了深远的影响。

当婴儿逐渐意识到父母是两个独立的个体，并开始将他们视为一对进行性交的夫妻，而非仅仅是一个包含了父亲的母亲时，孩子在感到愤怒和嫉妒时，其欲望和攻击性便会延伸至父母的伴侣身上。这些攻击性幻想有两种表现形式：婴儿要么幻想自己直接攻击父母，要么将攻击性投射出去，幻想父母互相攻击。这使得原初场景（即父母的性交场景）在婴儿的体验中变成了一件具有施虐性质的恐怖事件。因此，父母双方就如同母亲的身体一样，也成了引发恐惧的客体。

在这些幻想达到顶峰时，婴儿的恐惧可能源自双重因素：既包括对外在父母的恐惧，也包括对内在父母的恐惧。因为儿童最初内摄的是母亲，随后又内摄了父母双方，从而产生了可怕的惩罚性内在父母意象。正是基于这些幻想，克莱因最先注意到分裂以及内摄和投射相互作用的重要性。她通过对婴儿的观察发现了这些极为活跃的心理机制。面对可怕的内在父母意象所带来的焦虑，婴儿试图将好的父母意象以及自己好的感觉和充满爱的感受，与坏的父母意象以及自己的破坏性分裂开来。

婴儿关于父母的幻想越具有施虐性，其形成的父母意象就越可怕，便越觉得有必要将这些负面情感与好的父母意象区分开来，从而越渴望重新内摄外在的好父母形象。然而，婴儿也无可避免地会内摄坏客体。因此在发展的早期，婴儿会同时内摄好的和坏的乳房、阴茎、母亲的身体和父母双方。他试图通过肛门的控制和排泄机制，来处理这些坏的内摄物，这些坏的内摄物就变得等同于排泄物。

克莱因认为，超我并非俄狄浦斯情结之后的产物，而是先其而生，且在俄狄浦斯情结的发展过程中起到了推波助澜的作用。内化了坏客体所引发的焦虑，宛如一股无形的驱动力，促使儿童愈发迫切地渴望与作为外部客体的父母建立起力比多的联结。儿童对母亲身体的渴望，既源于其内在的力比多冲动与攻击性欲望，又源于对摆脱焦虑的强烈渴求，他们期望从真实的母亲那里获取慰藉，以此来抵御内心深处那可怕的内部客体所带来的恐惧。同时，儿童亦渴望借助与母亲的真实交流，对其在幻想中所造成的破坏进行修复与补偿。在与父亲的联结中，真实的父亲及其阴茎，能够驱散内化了的可怕父亲和阴茎所引发的恐惧阴霾。作为力比多投射客体的父亲，其"好阴茎"可用来消弭内化了的"坏阴茎"所带来的恐惧感。而作为竞争者，真实的父亲远没有那被内心歪曲后的意象般令人畏惧。因此，正是内部客体所引发的焦虑所带来的压力，驱动着儿童与真实的父母产生了俄狄浦斯式的关系。与此同时，口欲期以及早期肛门施虐阶段的焦虑，又促使儿童逐渐放弃这一心位，进而迈向具有较少施虐性的性器期阶段心位。

克莱因对俄狄浦斯情结早期阶段的深入探究，使其在诸多关键领域与弗洛伊德的观点产生了显著的分歧，尤其是在女性性欲的构想以及性器期的重要性方面。克莱因认为，小女孩从对母亲乳房的关注转向对母亲身体的聚焦，其心理过程与小男孩有着相似之处。她们同样幻想着挖掘并拥有母亲及其体内的一切容纳物，尤其是母亲体内的婴儿和父亲的阴茎。与小男孩一样，小女孩的这些幻想充满了矛盾，她们将母亲体内的容纳物（包括阴茎）视为既全好又全坏的存在。然而，在早期挫折和妒忌的双重作用下，小女孩逐渐以一种口欲式的合并方式，愈发强烈地将注意力转向父亲的阴茎——起初是母亲体内的，随后则是来自外部的父亲。克莱因在小女孩身上观察到了一种对自己阴道的早期意识，由此，被动的口欲态度开始从口腔逐渐转移至阴道，为性器期的俄狄浦斯心位的形成铺平了道路。小女孩这种早期对母亲的态度，既蕴含着可发展为异性恋的成分，也包含着可发展为同性恋的成分。倘若早期的母亲超我过于可怕，致使女孩难以应对与母亲的竞争，便可能导致同性恋的产生；同样，若父亲的阴茎在女孩心中变成了坏客体，也会引发小女孩对与之建立性关系的恐惧。在内疚与恐惧情绪的交织影响下，女孩与母亲身体关系的修复幻想，也可能成为同性恋的一个有力的促成因素。另一方面，女孩取代母亲的位置并拥有她的财富的早期渴望，以及把父亲的阴茎当作欲望客体的转向，还有关于内在母亲的修复和补偿、为内在母亲提供一个好阴茎和婴儿的愿望，这些因素则有助于异性恋的发展。

在探讨男孩的俄狄浦斯情结时，克莱因的侧重点亦呈现出一定的转变。克莱因指出，男孩与女孩一样，早期与母亲乳房的关系以及对母亲身体的种种幻想，在男孩的俄狄浦斯情结的发展进程中同样扮演着举足轻重的角色。男孩同样经历了从乳房到阴茎的早期转向，这一过程奠定了男孩的女性心位。并且，与小女孩相似，男孩很早就陷入了一场内心的挣扎：一方面，他处于一种女性心位，将注意力从母亲转移到父亲的好阴茎上；另一方面，他又处于一种男性心位，渴望认同父亲并渴求母亲。内部客体所引发的焦虑，促使他愈发倾向于将自己的性愿望转向真实的外部母亲。

要评估克莱因在这一阶段对精神分析理论和实践所做出的核心贡献实非易事。毋庸置疑，她对早期客体关系的深刻洞察，为男性与女性的性欲理论带来了全新的阐释。她揭示了两性对阴道的早期意识，以及关于母亲身体及其容纳物的幻想所具有的重要意义。女性性欲显然具有其自身独特的特点，而非男性性欲的阉割版本。同时，男孩的女性心位也得到了更多的关注。她深入探索了俄狄浦斯情结的历史，发现了前性器期和部分客体关系在俄狄浦斯情结及超我发展中的关键作用。攻击性的作用也得到了重新评估，例如她详细描述了生存本能与死亡本能之间的早期冲突，以及由此所产生的焦虑和防御机制。对内摄客体的研究，使她能够比以往更为详尽地阐述超我和自我的内部结构。

在早期的研究中，克莱因并未从概念上明确区分焦虑与内疚［除了在她的论文《儿童良心的早期发展》（*The Early Development of Conscience in the Child*）中］，而是认为二者都促进了自我的成长，并且在病理性案例中，二者都会抑制自我的发展。克莱因对攻击性与力比多相互作用的研究，使她观察到了修复在精神生活中的重要作用。克莱因在其论文《象征形成在自我发展中的重要性》中描述道："儿童对攻击母亲身体的焦虑和内疚，以及做出修复的冲动，是一切创造性活动的重要源泉。"这一观点在她描述抑郁心位的特征时，得到了全面而充分的阐述。

通过紧密关注儿童游戏中的移情和象征，克莱因获得了对儿童内心结构的深刻理解。她认识到，儿童的游戏是幻想的象征化表达，这一理解使她进一步意识到：不仅是游戏，所有兼具现实功能的活动（即便是最具现实导向的活动）都在以象征的方式表达、容纳和疏导着儿童的无意识幻想。克莱因的这一发现，引领她对无意识幻想的概念进行了延伸和重构，揭示了无意识幻想及其象征化表达在儿童发展中的基本作用。

参考文献

SIGMUND FREUD: *Beyond the Pleasure Principle* (1920), *Standard Edition*, 18 (London: Hogarth).

MELANIE KLEIN: "The role of school in the libidinal development of the child," *Int. J. Psycho-Anal., Vol. 5* (1924).

"Infantile anxiety situations reflected in a work of art," *Int. J. Psycho-Anal., Vol. 10* (1929).

"The importance of symbol formation in the development of the ego," *Int. J. Psycho-Anal., Vol. 11* (1930).

The Psychoanalysis of Children (London : Hogarth, 1932).

第 2 章

无意识幻想

正如我在第 1 章中提到的，克莱因注意到无意识幻想在儿童精神生活中的重要性，这促使她对无意识幻想的概念进行了拓展和重构。我认为，澄清她对这一概念的使用对于理解她的理论至关重要，这将有助于避免许多常见的误解（例如关于"内部客体"或投射性认同的本质）。

一些心理学家曾一度反对弗洛伊德对心灵的描述，理由是他的描述过于拟人化。这种反对似乎有些奇怪，因为精神分析的重点本来就是描述人的心理。反对者的意思是，当弗洛伊德描述"超我"等概念时，似乎在暗示心理结构中包含拟人化的或类人的客体。然而，理解"无意识幻想"的概念将有助于消除这种对立。在描述超我时，弗洛伊德并不是说我们的潜意识中实际上存在一个小人儿，而是说它是我们关于自己身体和心灵的无意识幻想。虽然弗洛伊德从未明确指出超我是一种幻想，但他确实明确地表明，人格中的这一部分源自儿童在幻想中内摄了父母的形象——这些形象是被儿童自身投射并扭曲的父母形象。

　　精神分析学家也对克莱因关于"内部客体"的描述提出了类似的批评。我同样需要指出，这些内部客体并非位于身体或心灵中的具体"物体"。与弗洛伊德一样，克莱因所描述的是人们对身体或心灵所包含内容的无意识幻想。在克莱因的著作中，弗洛伊德的"无意识幻想"概念得到了极大的扩展，并被赋予了更重的分量。无意识幻想无处不在，每个人的无意识幻想始终处于活跃状态。换句话说，与俄狄浦斯情结不同，无意识幻想的存在不再意味着疾病或现实感的缺失。这些无意识幻想的性质及其与外部现实的关系，决定了个体的心理特征。

　　苏珊·艾萨克斯（Susan Isaacs）在《无意识幻想的本质与功能》（*On the Nature and Function of Phantasy*）一文中，对克莱因关于无意识幻想与本能、心理机制之间关系的观点进行了深入的阐述。她指出，幻想可以被看作本能的心理表征、精神关联物或心理表达。在为弗洛伊德的论文《本能及其变迁》（*Instincts and their Vicissitudes*）撰写的编者按中，詹姆斯·斯特雷奇（James Strachey）提请读者注意弗洛伊德在"本能"的两种定义之间的摇摆。在那篇论文中，弗洛伊德认为本能"介于心理和躯体之间，是来源于躯体并能触及心灵的刺激的心理表征"；在另一篇文章中，他又认为本能"介于心理和躯体之间，是有机体力量的心理表征"。斯特雷奇指出：

　　这些叙述清楚地表明弗洛伊德并没有区分"本能"和"心

理表征"。显然，他把本能看作有机体力量的心理表征。但是，如果我们仔细研究他后期的文章，就会发现他对"本能"和"心理表征"的区分是非常明确的。

斯特雷奇继续引用了一些内容，比如《无意识》（*The Unconscious*）一文中的话：

本能永远无法被意识所觉知，进入意识的只能是那些表征了本能的观念。而且，即使在无意识中，本能也只能通过观念来表征。

在我看来，苏珊·艾萨克斯对无意识幻想概念的使用弥合了弗洛伊德对本能的两种看法之间的鸿沟。那些代表本能的"观念"就是原始的无意识幻想。从这个角度来看，本能在精神生活中的运作，是通过适当的客体满足本能幻想来表达的。既然本能从出生起就起作用，我们可以认为婴儿从出生起就有一些简单的幻想生活。婴儿最初的饥饿和消除饥饿的本能努力，便伴随着一个幻想，即存在一个让他消除饥饿的客体。由于幻想直接来源于躯体和心理活动交汇处的本能，所以这些原始幻想被婴儿体验为不仅是一种生理现象，也是一种心理现象。只要快乐－痛苦原则占主导地位，这种幻想就是全能的，婴儿无法区分幻想和真实体验。幻想中的客体及其提供的满足感，都被婴儿体验为在躯体层面真实地发生了。

　　例如，一个即将入睡的婴儿，心满意足地用嘴巴做着吮吸的声音和动作，如吮吸自己的手指，幻想自己正在吮吸或吞食着乳房，带着"产奶的乳房已经被自己吃掉了"的幻想入睡。同样，一个饥饿和愤怒的婴儿会尖叫和乱踢。他幻想自己正在攻击乳房，撕裂并破坏它。他把自己的尖叫体验为被撕裂的乳房在撕扯和伤害他。因此，他不仅体验到匮乏，由饥饿带来的疼痛和他自己的尖叫，还可能会体验到乳房对他内部的一种迫害性攻击。

　　无意识幻想的形成是自我的一种功能。克莱因认为，无意识幻想是本能的心理表达，它以自我为媒介。相比于弗洛伊德的理论，这里所指的自我组织程度更高。克莱因提出，婴儿的自我可能自出生之时就已形成。并且，在本能和焦虑的驱使下，它形成了一种原始的客体关系，既包括幻想中的客体关系，也包括现实中的客体关系。从出生的那一刻起，婴儿就必须应对现实的冲击，首先是出生本身的体验，接着是持续的欲望满足和挫折体验。这些现实的体验一方面会即刻影响婴儿的无意识幻想，另一方面也会受到无意识幻想的影响。无意识幻想不仅是对现实的一种逃避，更是持续且不可避免地伴随着现实经验，并持续地与现实经验相互作用。

　　当一个饥饿和愤怒的婴儿被母亲喂奶时，他的态度并不是接受乳房，而是转过头去拒绝。这为我们提供了一个生动的例子，说明无意识幻想是如何影响婴儿对现实的反应的。婴儿此刻的无意识幻想可能是他已经攻击和破坏了乳房，所以乳房变成了坏的，会反过来攻击他。因此，当真实的外部乳房喂养婴儿时，婴儿不再认为它是一个可以哺乳的好乳房，而是被这些幻想扭曲成了一个可怕的迫害者。这些无意识幻想可以很容易地在幼儿的游戏中观察到，在年龄再大一点的儿童的游戏和言语中也可以观察到。这些幻想可能仍然存在于儿童和成人的无意识中，从而导致喂养方面的困难。

一些分析师认为，这些幻想是在较晚的时间出现的，它们是被回溯性地推断为出现在婴儿期。这绝对是一个不必要的额外假设，特别是因为我们可以从婴儿的行为中观察到的幻想（当他们达到游戏和说话的阶段时，这些幻想会实际表达出来）与咨询室中的分析材料之间存在明显的一致性。在更复杂的情况下，我们可以看到，即使儿童能够准确地感知和观察现实，无意识幻想仍能决定他们对真实因果顺序的理解。一个典型的例子是：有一个孩子，他的父母在现实中关系不好，经常吵架。分析表明，这个孩子觉得父母之间的糟糕关系是他希望父母吵架的愿望所导致的，他认为自己的尿道攻击和肛门攻击扰乱和破坏了父母的关系。

无意识幻想不断地影响和改变着主体对现实的感知和理解；反之亦然，现实也影响着无意识幻想。儿童对现实的体验和理解对无意识幻想本身会产生强烈的影响。举例来说，当一个婴儿感到饥饿时，他通过在全能幻想中拥有一个好的、饱含奶水的乳房来克服饥饿。在现实中他会很快就能得到乳汁的喂养，或者是会一直饿着，这两种情况带给婴儿的境遇会有根本的不同。在第一种情况下，婴儿会体验到母亲提供的真实乳房与幻想中的乳房融为一体，婴儿的感觉将会是，他自己的好和好客体的好是强大和持久的。然而，在第二种情况下，婴儿被饥饿和愤怒打败，在他的幻想中，会越来越多地体验到一个迫害性的坏客体，这意味着他的愤怒比他的爱更强烈，坏客体比好客体更强大。

当我们评估环境对儿童发展的重要性时，重要的是要认识到无意识幻想与外部现实之间的相互作用。当然，在婴儿期和儿童期，环境的影响至关重要，但这并不意味着在没有恶劣环境的情况下，个体就不会有攻击性和迫害性的幻想与焦虑。只有将婴儿自身的本能和幻想与环境因素相结合，才能正确评估环境因素的重要性。如前所述，当婴儿受到关于愤怒和极具攻击性的乳房的幻想影响时，真实的糟糕体验会使其变得更加极端。因为这不仅证实了外部环境是坏的，也证实了婴儿自己是坏的，还证明了他的恶意幻想是全能的。另一方面，良好的现实体验可以减少婴儿的愤怒，纠正他的受迫害体验，激发婴儿对好客体的爱、感激和信念。

到目前为止，我一直强调无意识幻想作为本能的心理表征的作用，这种观点与将幻想纯粹视为一种防御工具和逃避外部现实的手段的观点截然不同。然而，无意识幻想的功能是多样且复杂的，我们必须同时考虑它的防御层面。由于无意识幻想的目的是在不考虑外部现实的情况下满足本能冲动，这种通过幻想获得的满足可以视作对外部现实匮乏的一种防御。然而，不仅于此，它也是对内在现实的一种防御。主体之所以产生这种欲望满足的幻想，不仅是为了避免挫折和承认不愉快的外部现实，更重要的是，他要避免受到自己饥饿和愤怒的内部现实的影响。此外，无意识的幻想也具有防御其他幻想的功能，一种典型的例子就是用来克服潜在的抑郁幻想和躁狂幻想。典型的躁狂幻想是自我包含一个被吞噬的理想客体，它的"光芒"[①]落在自我身上。这种幻想是为了抵御另一种潜在的幻想，即自我包含着一个无可挽回的被摧毁的报复性客体，它的"阴影"[②]落在自我身上。

将无意识幻想作为一种防御机制的想法带来了一个问题，即幻想和防御机制之间到底是什么关系。简而言之，两者的区别在于，一个是实际的心理过程，而另一个是对该过程具体且

[①] 引自 K. 亚伯拉罕的《力比多发展的简要研究》(*A Short Study of the Development of the Libido*)。

[②] 引自弗洛伊德的《哀伤与忧郁》(*Mourning and Melancholia*)，收录于《西格蒙德·弗洛伊德心理学全集标准版》。

详细的心理表征。例如，我们可以说一个人在特定的时间使用了投射和内摄的防御机制，但这个人将以幻想的形式来体验这些过程。这些幻想表达了他自己在向内摄入或者向外排出的内容，他完成这些行为的方式以及这些行为会产生什么样的结果。患者经常描述他们体验到的压抑过程，例如，他们觉得自己内在有一座大坝在山洪的压力下随时可能会坍塌。观察者可能会将其描述为一种防御机制，但在患者的体验中，这是一种细致入微的幻想，他们也会这样描述它。

　　下面的材料提供了一个更复杂的例子。一位最近开始接受分析的患者经常迟到和缺席治疗，并且经常忘记大部分分析内容，甚至是最近进行的非常有用的分析。分析工作似乎对他的人格没有产生实际的影响，整个分析过程和结果就像被完全抹掉了一样。有一点对我和他来说都很明显，即他在分析中使用了分裂和否认的防御机制。有一天，他来晚了，错过了半节治疗。他说他在我家附近的劳登路迷路了，半节治疗的时间都浪费在了那里。这让他联想到"劳登女巫"，仿佛他把一节分析分成了两半，这样他就可以在半节治疗中与我保持良好的关系，而与一个"坏"女巫分析师的糟糕关系被带到了劳登路，从而远离了我。几天后，我有机会向患者诠释他与乳房的关系。就在这时，他产生了一个非常生动的幻想：他突然看见自己拿着一把大刀，割下了我的乳房，扔到了街上。这个幻想如此生动，以至于患者当时就感到相当焦虑。这让我们能够理解，我之前描述的发生在患者身上的分裂和否认的过程实际上是一种非常生动的幻想。他对于分裂过程的实际感受，是他用刀分裂了（即割掉了）分析师的一个乳房，然后将其扔到街上，由此，这个乳房就成了劳登路上的"女巫"。他对于与分析有关的迫害感的否认，感觉上就像是他切断了好乳房和坏乳房之间的联系。经过这次分析，他的分裂和否认大大减少，之后他能够有规律地参加分析治疗。

从这个经验以及其他许多类似的经验中，我得出一个结论：分析师对防御机制的诠释经常是无效的，直到出现一些机会，使得防御机制对患者来说变得可以理解。在这个时候，患者可以真切地感受到他在移情中对分析师做了什么，对其他客体或自己的某些部分做了什么，并真切地感受到他对这些防御机制的使用。

有时，通过患者的梦境，我们也可以清楚地观察到无意识幻想与防御机制之间的关系。下面是一个患者在我休假前做的两个梦。在第一个梦中，患者在一个黑暗的房间里，有两个人彼此挨得很近，还有其他不太明确的人。这两个人的形象非常相似，只是其中一个看起来单调、黑暗，而另一个则神采奕奕。患者确信只有她能看到那个神采奕奕的人——梦里的其他人都看不见这个人。

　　这位患者广泛使用了分裂、否认和理想化的机制。事实上，在同一个星期，她曾在一个有很多人的房间里看到了我，这对她来说是一个不寻常的情境。她对这个梦的联想是：梦中的两个人都代表着我，一个是在拥挤的房间里所有人都能看见的"我"，而另一个是"她的分析师"——那是她特别拥有的"我"。她觉得自己不再在意我的休假，也不再因为看到我跟别人在一起而感到妒忌，因为她与我有着特殊的关系，并且这种关系永远只属于她。很明显，在第一个梦中，她通过分裂和理想化处理了她的妒忌，这些妒忌既源自她看到我跟别人在一起，也由我的休假所激发。现在，她拥有了一个"神采奕奕"的理想化分析师，谁也无法从她那里夺走。

　　在患者的第二个梦中，一个小女孩坐在地板上，用一把剪刀剪纸。她把剪好的纸留给自己，而地板上铺满了废纸，其他孩子则正忙着收拾。这个梦是一个更全面的版本，展示了她如何真实地感受到这种分裂和理想化——剪纸代表了分裂，而她就是那个剪纸的小女孩。就像第一个梦中神采奕奕的人物一样，小女孩剪出的剪纸象征着分析师好的部分。在第二个梦中，那些只能看到一位单调乏味的分析师形象的人，被象征为那些收拾被遗弃的碎片的孩子。这些孩子所拥有的，仅仅是被丢弃的残片，别无其他。第一个梦中呈现的分裂显然在第二个梦中被体验为一种攻击，患者真切地将分析师剪成理想化部分和无价值部分。第一个梦中所表达的理想化部分在第二个梦中被体验为：患者窃取了分析师最好的部分，并自己保留下来。第二个梦表明，对于患者来说，这个分裂和理想化过程是一种极具攻击性的、贪婪的、使其内疚的行为。

在研究了无意识幻想与内摄和投射机制的关系后，我们便能够理解无意识幻想、防御机制和心理结构之间的复杂联系。苏珊·艾萨克斯着重从本能及其与心理结构的关系的视角讨论了无意识幻想的起源，但我将试图进一步阐述两个联系：一个是幻想与人格结构的联系，另一个是幻想与高级心理功能（如思维）的联系。

弗洛伊德将自我描述为"被遗弃的客体贯注的沉淀物"，它包含了内摄的客体。弗洛伊德描述的第一个这样的客体是超我。对早期投射性客体关系和内摄性客体关系的分析表明，婴儿很早就有一种对内摄入自我的客体的幻想，发端于对理想化乳房和迫害性乳房的内摄。生命伊始，婴儿内摄的是部分客体，比如先是乳房，后来是阴茎，再之后婴儿才能内摄完整的客体，如母亲、父亲和父母双方。越早被内摄进来的客体越怪诞，被投射到它们身上的东西就越扭曲。随着发展的推进，儿童的现实感更加充分地运作，他们的内部客体变得更接近外界的真实人物。

儿童的自我认同其中一些客体，这一过程被称为内摄性认同。这些被吸收进自我的客体促进了儿童自我的成长和人格的形成。这些被摄入的客体仍然保持着独立性，而自我则保持着与它们的关系（超我就是这样一个客体）。在婴儿的感觉中，这些内部客体彼此之间也存在着关系，例如，婴儿可能会感觉内部的迫害性客体正在攻击理想化客体，也在攻击自我。通过这种方式，一个复杂的内心世界便建立起来了。人格的结构在很大程度上取决于儿童的自我对自身以及对内部客体的永久性幻想。

人格结构与无意识幻想密切相关这一事实至关重要。正因为如此，我们才有可能通过精神分析来影响自我和超我的结构。通过分析自我与客体（包括内部客体和外部客体）的关系，并改变自我对这些客体的幻想，我们能够实际地改变自我的永久性结构。

下面是一个患者在分析的第一周提供的梦，这个梦清晰地阐明了无意识幻想、现实、防御机制与自我结构之间的关系。可以肯定的是，患者从未读过任何精神分析类的著作，也从未听说过这些概念，特别是超我的概念，否则，人们可能会对这个梦的来源持怀疑态度。患者是一名海军军官，他梦见一座金字塔，金字塔的底部站着一群粗鲁的水手，他们头上顶着一本沉重的金子做的书，书上站着一名与患者军衔相同的海军军官，军官的肩膀上站着一位海军上将。他说,海军上将看上去我行我素,从上面施加了巨大的压力。同时,金字塔底部的水手从下面挤压上来,也一样令人敬畏。在讲述了这个梦之后,患者说:"这就是我,这就是我的世界。这本用金子做的书代表了一条中庸之道,一条我努力坚持的道路。我被本能的冲动、内心真正想要做的事情,以及良心的禁令夹在中间,喘不过气来。"患者对此产生了一些联想,海军上将代表着他的父亲,但这位海军上将和他记忆中的真正父亲相比,存在着很大的不同。事实上,海军上将和水手一样强壮和可怕,都代表着患者的本能。这明确表明了,他的超我之所以如此严厉,是因为他把自己的攻击本能投射到了他父亲身上。我们在这里看到了幻想与外部现实之间的关系,即患者父亲的真实人格被他自己的投射所改变。他采用的主要防御机制是压抑,这体现在他的幻想中——海军上将(超我)和海军军官(自我)的联合压力,试图把本能压在下面。他的人格结构也清晰地表现为三个层次:本能向上推,超我从上面压下来,他感觉自我被挤压和限制在两者之间。在这个梦中,我们也可以清晰地看到投射和内摄的运作。他把自己的攻击性投射到父亲身上,而对父亲的内摄形成了他的超我。

所有这些人格结构和心理机制(如投射、内摄和压抑),都是由患者自己通过梦境呈现出来的。当他说"这就是我,这就是我的世界"时，很明显，他正在描述自己的幻想和内心世界。无意识幻想的形成是一个原始功能，为了理解它对人格的重要性，我们必须探讨它与高级心理功能（如思维）的关系。

根据快乐 – 痛苦原则，幻想最早隶属于心理机能。在《论心理机能的两个原则》（*The Two Principles of Mental Functioning*）一文中，弗洛伊德指出：

> 随着现实原则的引入，有一类思考活动被分裂出去。这些活动不受现实检验的制约，仍然只服从快乐原则。这些活动就是幻想。

另一方面，思考的发展是为了服务于现实检验，主要是作为一种承受紧张和延迟满足的手段。下面的文字引自上述同一篇文章：

> 思考所具有的某些特点，使心理器官在（紧张状态的）释放过程被延迟时能够承受更多的刺激张力。

（从这个角度来看，幻想出现在婴儿期的后面阶段，即在现实检验能力形成之后。）

然而，这两种心理活动有一个共同之处：它们都使自我能够在不立即发生运动释放的情况下承受紧张状态。能够保持幻想的婴儿，不会被迫立即释放紧张——这减轻了累积的刺激带给心理器官的负担。因此，婴儿有时可以借助幻想来忍耐欲望，直到这些欲望能够在现实中得到满足。如果挫折过于强大，或者婴儿没有能力保持幻想，就会发生运动释放，这通常会导致未成熟的自我的崩解。因此，在现实检验和思考过程充分建立之前，幻想在早期的精神生活中发挥了某些功能，这些功能后来则由思考接手。

在《论心理机能的两个原则》一文的脚注中，弗洛伊德指出：

如果说有机体是快乐原则的奴隶，忽视外部世界的现实，这无疑会遭到反对。因为这样的话，哪怕是很短的时间，它也是无法存活的，因此这样的有机体根本不可能存在。然而，当我们考虑到母亲的照料几乎可以让婴儿意识到这种心理系统，这就说得通了。

我在这里特别强调"几乎"一词，因为从很早的时候起，健康的婴儿就会意识到自己的需求，并有能力将这些需求传达给他的母亲。从婴儿开始与外部世界互动的那一刻起，他就致力于在现实环境中检验他的幻想（当然，这个观点是基于原始幻想先于思考发展的概念）。我想在这里指出，思考的起源蕴含在检验幻想与现实的过程之中。也就是说，思考不仅与幻想形成对比，而且是以幻想为基础，并从中衍生而来的。

　　因此，现实原则只不过是经由现实检验修正的快乐原则。思考可以视作对无意识幻想的修正，这种修正是由现实检验带来的。思考的丰富性、深度和准确性，将取决于无意识幻想生活的质量、可塑性，以及使这些幻想服从于现实检验的能力。

参考文献

W. R. BION: *Learning from Experience* (London: Heinemann, 1964).

SIGMUND FREUD: "Instincts and their Vicissitudes" (1915), *Standard Edition,* 14 (London: Hogarth).

"The Unconscious" (1915), *Standard Edition,* 14 (London: Hogarth).

"Formulations on the Two Principles of Mental Functioning" (1911), *Standard Edition*, 12 (London: Hogarth).

PAULA HEIMANN: "Certain functions of introjection and projection in early infancy," *Developments in Psycho-Analysis* (Chapter 4), Melanie Klein and others (Hogarth, 1952).

SUSAN ISAACS: "The nature and function of phantasy," *Developments in Psycho-Analysis* (Chapter 3), Melanie Klein and others (Hogarth, 1952).

MELANIE KLEIN: "On the development of mental functioning," *Int. J. Psycho-Anal.*, vol. 39 (1958).

JOAN RIVIERE: "On the genesis of psychical conflict in earliest infancy," *Developments in Psycho-Analysis* (Chapter 2), Melanie Klein and others (Hogarth, 1952).

HANNA SEGAL: "Contribution to the Symposium on Phantasy," *Int. J. Psycho-Anal.*, vol. 44 (1963).

第 3 章

偏执－分裂心位

在第 2 章中，我指出梅兰妮·克莱因对无意识幻想概念的使用暗示了一种比弗洛伊德假设更高水平的"自我"组织。分析师们关于婴儿最初几个月自我状态的争论，并非源于相互误解或语言差异，这是一场关于事实的重要且真正的辩论。当然，任何关于婴儿在某一阶段的体验的观点，都必须建立在对婴儿在这个阶段的自我状态的描述之上；任何对相关心理过程有意义的描述，都应该从对自我的描述开始。

在克莱因看来，婴儿在出生时就拥有足够的自我，可以体验焦虑，能够使用防御机制，并在幻想和现实两个层次上形成原始的客体关系。这一观点与弗洛伊德的观点并不完全矛盾。在弗洛伊德的一些概念中，他似乎暗示了早期自我的存在。他还描述了一种早期的防御机制，称为死亡本能的偏移（deflection of death instinct），这种机制从生命之初就存在。此外，弗洛伊德的幻觉性的欲望满足概念也暗示了一个可以形成幻想性客体关系的自我的存在。

即使自我从一开始就有体验焦虑、使用防御机制和形成客体关系的能力，这也不意味着出生时的自我与六个月大、整合良好的婴儿的自我是一样的，更无法等同于一个儿童或一个完全成熟的成年人的自我。

最初，早期的自我基本上是未组织（unorganized）的。然而，为了与身心发展的总体趋势相一致，它从一开始就具有趋于整合的倾向。有时，在死亡本能和无法承受的焦虑的影响下，这种整合倾向会被打断，从而出现防御性的崩解。稍后我将对此进行更多的诠释。因此，在发展的初始阶段，自我是不稳定的，处于不断变化的状态中。它的整合程度每天都不一样，甚至每时每刻都在变化。

自婴儿呱呱坠地之时，其尚未成熟的自我便已置身于由两种对立的先天本能——生存本能与死亡本能的冲突所激发的焦虑之中。婴儿还会迅速受到外部现实的影响，包括焦虑（如分娩创伤）和生命支持（如母亲的温暖、爱和喂养）。当婴儿面对死亡本能产生的焦虑时，自我会将其偏移。弗洛伊德所说的死亡本能的偏移，在克莱因看来，部分是一种投射，部分是死亡本能向攻击性的转化。自我会分裂自己，将包含死亡本能的部分投射到最初的外部客体——乳房。因为乳房承载了婴儿大部分的死亡本能，被体验为坏的，对自我有威胁的，这让婴儿产生被迫害的感觉。如此一来，最初对死亡本能的恐惧就转化为对迫害者的恐惧。死亡本能对乳房的入侵，经常被婴儿体验为乳房被分裂成许多碎片，因此自我面对的是众多的迫害者。保留在自我中的那部分死亡本能转化为攻击，指向了那些迫害者。

与此同时，婴儿与理想化客体的关系也建立起来了。如前所述，自我会为了抵御死亡本能的焦虑而把死亡本能投射出去。与此同时，力比多也被投射了出去，以创造一个理想化客体来满足自我生存的需要。正如死亡本能一样，力比多也是如此。自我将一部分力比多向外投射，而剩下的另一部分力比多用来跟这个理想化客体建立一个力比多性质的关系。因此，自我在很早的时候就建立了与两个客体的关系，作为原初客体的乳房被分裂为两部分：理想化的乳房和迫害性的乳房。对理想化客体的幻想，与外在真实母亲的爱与哺育所带来的满足体验交织在一起，并被这些体验所确认；而被迫害的幻想与被剥夺和痛苦的真实体验混合在一起，被婴儿归咎于迫害性客体。因此，满足感对于婴儿来说，不仅满足了舒适、爱和营养的需要，也用来对抗骇人的迫害感；而剥夺对于婴儿来说，不仅代表着满足感的缺乏，更意味着来自迫害者的摧毁威胁。婴儿试图获得、保有和认同理想化客体，认为理想化客体能够为其提供生命和保护，并将坏客体和承载死亡本能的那部分自我排除在外。在偏执－分裂心位，婴儿的主要焦虑是担心迫害性客体侵入自我，湮灭并摧毁理想化客体和自我。克莱因将婴儿在这一发展阶段所体验的焦虑与客体关系的这些特征命名为偏执－分裂心位。

这是因为婴儿的主导焦虑是偏执性的；婴儿的自我状态与客体状态具有分裂特征，表现为分裂性。

为了抵御那令人窒息的湮灭焦虑，自我发展了一系列防御机制，其中首先被运用的可能是内摄和投射。我们已经看到，自我试图内摄好的东西，并把坏的东西投射出去。这不仅是一种本能的表达，也是一种防御手段。然而，内摄和投射并不仅仅就是这样一种使用方式，在某些情况下，为了保护好的东西，使其远离内部那些具有毁灭性的坏东西，好的东西也被投射出去了。迫害者也被内摄进来，甚至被认同，其目的是为了掌控迫害者。有一件事始终未变，那就是在焦虑加剧时，分裂现象会变得更加严重。通过投射和内摄，婴儿尽可能地将迫害性客体与理想化客体分开，使它们更易于掌控。这种情况可能会引发严重的问题，如婴儿有时可能会觉得迫害者就在外部，从而感受到外部的威胁；婴儿也可能会觉得迫害者就在自己体内，从而产生疑病恐惧。

分裂与理想化客体的理想化程度越来越密切相关，这是为了将理想化客体与迫害性客体区分开来，从而保护理想化客体免受伤害。这种极端的理想化也与一种魔幻般的全能性否认有关。当受迫害感过于强烈，自我难以承受时，这种受迫害感可能会被完全否认。这种否认是基于一种幻想，即迫害者将彻底毁灭自己。另一种用否认来对抗过度迫害感的方式是将迫害性客体本身理想化，并将其视为理想化客体。有时，自我会认同这个伪理想化客体。

这种对迫害性客体的理想化和全能性否认，经常在一些分裂性患者的分析中看到。这些患者的成长历史表明，他们曾经是"完美的婴儿"，从不抗议或哭泣，似乎他们的所有体验都是好的。成年后，这些防御机制导致他们缺乏区分好坏的能力，使他们沉溺于那些坏客体，不得不将它们理想化。

死亡本能的最初投射演化出了一种至关重要的防御机制，这种机制在发展的早期阶段扮演着关键角色，名为投射性认同（projective identification）。通过投射性认同，自我和内部客体的某些部分被分裂并投射到外部客体上，外部客体因此被投射进去的部分所占据、控制和认同。

投射性认同具有多重目的：它可以指向理想客体，以避免分离的焦虑；也可以指向坏客体，以获得对危险源的控制。自我的不同部分可能会被投射出来，以实现不同的目标。例如，自我不好的部分可能被投射出来，目的是摆脱它们，并用来攻击和摧毁客体；自我好的部分可能被投射出来，目的是避免分离，或者是远离坏的内部客体，或者是通过原始的投射性修复来改善外部客体。当婴儿在与乳房的关系中第一次形成偏执－分裂心位时，投射性认同便开始了。然而，即便母亲已经被视为一个完整的客体，这种投射性认同也仍然会一直存在，并变得越来越强烈，婴儿会将投射性认同置于母亲的整个身体之中。

我可以通过对一个 5 岁女孩的分析案例来对投射性认同进行说明。在一节治疗（几周后分析会有一个较长时间的中断）即将结束时，这个女孩开始在游戏室的地板和鞋子上涂胶水。在那段时间里，她特别关注怀孕这个话题。我诠释道，她想把自己粘在地板上，这样她就不会在治疗结束时被带走——这意味着她的分析的中断。她口头上承认了这个诠释，然后继续用更乱的方式涂胶水，并非常满意地说："但它也是你地板上的'呕吐物'！"我诠释道，她不仅想把胶水涂在房子里，还想涂在我的身体里——那里是孕育新宝宝的地方，必须被"呕吐物"弄脏。第二天，她给我带来了一株红色的天竺葵。她指着花茎及其周围茂盛的花蕾说："你看到了吗？所有的婴儿都是从茎干里长出来的。这是给你的礼物。"我诠释道，她现在想给我的是阴茎，以及所有从阴茎里出来的小宝宝，以修复她前一天给我的宝宝和我的身体造成的混乱。

过了一会儿，她拿起胶水，说要给我画一个动物——毛地黄。然后她犹豫了一下，说："不，毛地黄是花。"她真正想画的是一只狐狸。她不知道她刚才送我的花叫什么，"那也可能是毛地黄"。她用胶水在地板上画了一只狐狸，然后继续谈论狐狸："它们悄悄地进来，没有人发现。它们有大嘴巴和牙齿，吃小鸡和鸡蛋。"她还满意地说:"这只狐狸很狡猾,因为它躺在地上谁也看不见它。人们会滑倒摔断腿的。"

所以,她送给我的"毛地黄花"代表了她人格中"狡猾的狐狸"的部分。她想让她那坏的、具有破坏性的"狡猾的狐狸"(也是对她父亲阴茎的认同)的部分潜入我的身体。如此一来,她便能继续在我的身体内生存,摧毁我的卵子和婴儿。借由这种方式,她成功地摒弃了那些她所厌恶且令她感到内疚的部分。与此同时,在她的幻想中,她侵入了分析师母亲的身体,并摧毁了其他婴儿,就如同她在前一次治疗中用"呕吐物"所做的一样。因为她已摒弃了自身那些坏的部分,她便能感觉自己是好的。这个善良的小女孩赠予她的分析师一朵花,然而在暗地里,她却在伤害着分析师。而那只谁也看不见的"狡猾的狐狸",正是她伪善的表征。

在接下来的一节治疗中,她显得十分害怕地进入治疗室。她小心翼翼地走了进去,仔细检查了地板,非常不情愿地打开她的抽屉。在治疗的那个阶段,这种表现非同寻常,这让我想起她曾经很害怕抽屉里的玩具狮子。投射性认同中的幻想对她来说是非常真实的。在她画了"狡猾的狐狸"的第二天,代表我身体的游戏室和抽屉变成了一个存放危险动物的地方。当我向她诠释这一点后,她承认自己做了一个噩梦,梦见了一只大型动物。随后,她的焦虑减轻了,并打开了抽屉。

在那之前，她一直觉得我包含了她危险的那部分。现在，她觉得自己完全摆脱了危险。她对梦的联想也表明，我很快就变成了一只危险的狐狸。这在后来的治疗中表现出来——她说梦里的危险动物"戴着眼镜，和你一样，有一个像你一样的大嘴"。

在上述案例中，投射性认同作为一种防御机制，被用于抵御即将到来的分离焦虑，它也是一种控制客体和攻击竞争者（未出生的婴儿）的手段。投射的部分——"呕吐物"和"狡猾的狐狸"，主要是坏的、贪婪的和破坏性的。"狡猾的狐狸"也被认同为坏的内摄阴茎，这构成了糟糕的同性恋关系的基础。作为投射的结果，分析师一开始就被体验为包含着这个坏的部分并被其控制，而且最终完全认同了这个坏的部分。

当投射、内摄、分裂、理想化、否认、投射性认同和内摄性认同等防御机制无法控制焦虑时，自我就会受到焦虑的入侵。然后，作为一种防御手段，自我可能会崩解，即为了避免焦虑体验，自我会变得破碎，分裂成更小的碎片。这种对自我造成严重伤害的防御机制，通常伴随着投射性认同的出现，自我的碎片立即被投射出去。如果个体广泛地使用这种类型的投射性认同，那就是病理性的。我将在第 4 章中更全面地讨论它。

为了抵御对死亡的恐惧，婴儿动用了一系列防御机制。起初，这种恐惧源自婴儿的内部世界。当死亡本能发生偏移时，婴儿会感受到来自外部或内部迫害者的威胁。然而，这些防御机制本身却可能引发新的焦虑。例如，投射坏的感觉和坏的自我部分会创造出外部的迫害者，而重新内摄这些迫害者则可能导致疑病焦虑；将好的部分投射出去，会使个体担忧好的客体的枯竭以及迫害者的入侵。投射性认同则会产生各种焦虑，其中两种最为关键：一是害怕自己将攻击性投射到客体后，被攻击的客体通过投射进行同等的报复；二是害怕自己投射到客体内的某些部分会被客体禁锢和控制。当个体将自己的好的部分投射出去时，后一种焦虑尤为强烈，会产生一种自己好的部分被夺走、被其他客体控制的感觉。

在所有自我用来逃避焦虑的方式中，崩解（disintegration）是最极端的一种。为了避免体验焦虑，自我尽其所能让自己消失。这种方式引发了一种特殊的急性焦虑，即自我变成碎片，化为粉尘一般。

以下材料来自一位非精神病性患者，我们可以从中看到一些特殊的分裂防御机制。这位患者是一位中年律师，治疗开始时，他说我迟到了几分钟。他补充说，类似的情况过去也曾多次发生。他注意到，我的迟到通常出现在早上的第一场治疗或是午休后的第一场治疗。据他所说，若我（分析师）迟到，便意味着我的私人时间侵占了治疗时间。在与客户会面时，他从不因私事迟到，但他常因允许某个客户延时，而使下一位客户等待。在这里，他明确表示，他认为我对付迟到的方式比他的更值得称赞，因为他多次提及自己难以应对客户的攻击，导致无法与客户准时结束会谈。我们双方都清楚，他在管理自身事务时面临诸多困难，也都明白他常有一种无力的无辜感——似乎总有一些客户在妨碍他人。不久之后，他做了一个与迟到相关的梦，他梦见了一些"烟民"。（近期，他处理了一些违法案件。在办理这些案件的过程中，他表现得极为自信且全能。这些案件为他带来了丰厚的金钱和成就，但他时常觉得自己取得的成功带有卑鄙色彩，内心充满内疚与羞愧。一些违法案件的当事人烟瘾颇重，他有时称他们为"烟民"。）

　　他梦见自己的公寓及隔壁的办公室被一群烟民占据，这些人四处抽烟饮酒，将房间弄得极为脏乱。他们不断要求他陪同，对他提出种种要求。突然间，他在梦中意识到等候室里有一位按预约时间等候的客户。他清楚自己无法与这位客户会面，因为那些烟民已经侵占了他的公寓。在愤怒与绝望之中，他开始驱赶这些烟民，将他们赶出公寓，以便能够准时见到客户。他补充说，在对梦境的联想中，他觉得或许成功地将烟民赶出了公寓，并且认为自己按时见到了客户。在梦中的某个时刻，他的妻子进来告诉他，她已代替他用完了与分析师的治疗时间。因为显而易见，他无法应对等候室里的烟民和客户，也无法按时参加分析治疗，这让他在梦中感到十分沮丧。他对这个梦的联想主要集中在烟民身上。他说，这些烟民极其贪婪，沉溺于抽烟和饮酒。他们邋遢、肮脏、粗鲁，把他的公寓弄得一片狼藉。他确信这些烟民代表了他自己的一部分，这一部分贪婪地追求成功、金钱和廉价的满足感，破坏了他的生活和分析治疗。

他的联想虽然诚挚，却遗漏了一个明显的事实：他未曾提及我也是一个"老烟枪"。尽管这一主题频繁出现在他的分析治疗中，在以往的讨论里，"烟民"常常象征着我是一个危险的具有阳具象征意义的女人。

我将略过这节治疗的其他细节，因为梦本身已经十分清晰。而我们主要关注的与梦相关的理论层面，即某些防御机制，已经得到了充分的阐述。烟民主要代表了我的一部分。在这个梦中，患者的客体——我（代表父母形象）被分裂了。一方面，有一个他渴望会面的分析师；另一方面，一群烟民闯入他的公寓，阻碍他前来治疗。在他的梦中，我作为好客体的一面代表了他的分析师，也可能代表了等候室里他觉得可以应对的那个客户。然而，我作为坏客体的一面并不是代表某一个烟民，而是代表一大群烟民。也就是说，坏客体被分裂成了一组迫害性的碎片。患者坚持将我好的部分和烟民的部分置于分裂之中，因此在他自己的联想中，他没有将我和烟民联系起来。

与患者客体的分裂并存的，是其自我的分裂。实际上，患者客体的分裂正是由其自我的分裂所引发的。在梦中，患者好的自我部分代表了他自己：他渴望参与治疗，同时，作为一个好律师，他希望能准时见到客户。而他坏的自我部分则是不受控制的、贪婪的、苛求的、野心勃勃的、混乱不堪的，这是他所无法忍受的。他将坏的自我部分分裂成许多碎片，并投射到我身上，从而也将我分裂成许多碎片。而且，由于他无法忍受随之而来的迫害感以及对好分析师的丧失，他进一步将坏的被分割成碎片的"我"置换到"烟民"身上，从而在一定程度上保全了"我"这个好客体。

这段材料清晰地阐释了他为何无法妥善管理好自己的工作和客户。实际上，他并未将客户当作完整的人来体验。对他而言，每个客户都代表着一个被分裂成碎片的坏的父母形象，正如我在移情中所代表的那样。这个形象蕴含了他自我分裂和投射的那部分。实际上，他无法应对客户，正是因为无法应对自己不好的那一面。

根据他的梦境，有一点变得愈发清晰。患者认为，相较他将自己的迟到归咎于他人的过错，我因个人闲暇时间而迟到则显得是一种值得称赞的行为，同时他否定了我迟到所造成的真正失职。他想要表达的是，他认为我能够为自己的不当行为负责，无须将其投射出去。在他看来，我可以坦白自己的贪婪、失控或攻击性，并且能够承担起全部的责任。他自感如此贪婪、具有破坏性和混乱，却无法承担起责任去掌控这些部分，因而不得不将它们投射到他人身上，尤其是他的客户。

这个梦揭示了一些分裂机制：客体和自我被分化为好的部分和坏的部分，对好的客体进行理想化，同时将自我中坏的部分分裂成碎片。将坏的部分投射到客体身上，这使得患者感觉自己受到众多坏客体的迫害。这种将自我坏的部分分裂成碎片并投射出去的方式，是典型的分裂防御机制，也是这位患者的主要特征之一。有一次，他梦见自己面对着许多日本男人，他们是他的敌人。他的联想表明，日本人象征着他的尿液和粪便，其中包含了他自己想要摆脱的部分——尿液和粪便以这种方式被投射到他的客体中。还有一次，他为一家外国报纸撰写了一篇文章。正如他在分析中所意识到的，他觉得这篇文章会对他的读者产生不利的道德影响。他安慰自己，这篇文章"远在千里之外"，不会给他带来任何后果。在他后来的梦中，这篇文章代表了"在遥远国度的一抹污迹"。

患者主要运用分裂机制来抵御抑郁心位的焦虑，尤其是内疚感。然而，在梦中对烟民的防御仅取得部分成功，因为他的坏冲动并未完全投射至烟民身上。即便在梦中，患者仍觉得自己要对烟民负责任。他对自己、等候室的客户以及与我之间的关系皆感内疚，并深切意识到好客体的丧失。

然而，梦中所感受到的内疚并未直接关联到他的贪婪与野心。令他内疚的，实则是自身的软弱。正如他在治疗初始时所述，他总是迟到，源于在处理客户事务时的软弱。他意识到这一弱点，并由此产生了强烈的感受，这与他将攻击性部分向外投射密切相关。他将自身无法否认的部分投射出去，从而创造出外部的迫害者，面对这些，他感到极度无助。与此同时，他觉得即便是将自认为"坏"的部分投射出去，也会耗尽他的自我，这让他感到软弱与无助。

在阐述偏执－分裂心位时，我着重提及了焦虑及其相关的防御机制，这或许会让人对刚出生数月的婴儿产生误解，以为他们总是处于焦虑之中。然而，我们必须记住，正常的婴儿并非总是焦虑的。相反，在理想状态下，他们大部分时间都在酣睡、进食，体验着真实或幻想中的快乐，这一过程促使他们逐步内化理想客体，并整合自我。尽管如此，每个婴儿都会经历一段焦虑期，这是偏执－分裂心位的核心特征，焦虑和防御机制是人类正常发展的一部分。

我们必须铭记，人类的发展历程是不可磨灭的，即使是最正常的人也会遭遇一些触发早期焦虑的情境，正是这些情境激活了早期的防御机制。此外，一个整合良好的人格涵盖了发展的所有阶段，每个阶段都是我们无法摆脱和回避的。自我在偏执－分裂心位所取得的特定成就，为后续的发展奠定了坚实的基础，这些成就对后续发展至关重要。即便是对于最成熟、最整合的人格而言，这些早期的成就依然发挥着不可或缺的作用。

偏执－分裂心位的一项重要成就是分裂机制的形成。正是通过分裂，自我得以从混沌中逐渐显现，并开始整理自身体验。在将客体区分为好客体与坏客体的过程中，尽管儿童对体验的整理显得过度且极端，但这或许是儿童对其情感与感官印象进行整理的初步尝试，也是后续整合与发展不可或缺的前提。分裂机制还为儿童后期发展辨别能力奠定了基础，这种辨别能力正是源于最早期的好坏之分。分裂机制的诸多方面得以保留，并在成熟的生活中持续发挥着重要作用，例如集中注意力的能力，或是为了做出理智判断而暂时搁置情感反应的能力。若无这种暂时的、可逆的分裂能力，这些功能将难以实现。

分裂机制亦是压抑机制得以发展的基石。若早期分裂过程过于剧烈且僵化，后期的压抑机制可能表现为过度的、神经症性的僵化状态；反之，若早期分裂不那么严重，后期的压抑机制就不会那么严重，心智的无意识层面与意识层面将保持更为顺畅的交流。

因此，若分裂机制不过度且不僵化，它便是一种极为关键的防御机制。它不仅能为后续较为成熟的防御机制（例如压抑）的形成奠定基础，还能以一种更为精细的方式，在个体的一生中持续发挥作用。

　　分裂机制还涉及迫害焦虑和理想化。当然，如果这两种心理状态在成年后仍保持其原始形态，它们便会扭曲一个人的判断。然而，一定程度的迫害焦虑和理想化元素始终存在，并在成年人的情感生活中扮演着重要的角色。适度的迫害焦虑是识别和应对真实外部危险情境的前提；理想化则是信任客体之好和自我之好的基石，也是良好客体关系的先驱。与好的客体的关系通常包含一定程度的理想化，这种理想化存在于诸多情境之中，例如坠入爱河、欣赏美、形成社会或政治理想。尽管这些情感并非完全理性，但它们丰富了我们的生活体验。

　　投射性认同亦有其独特的价值。首先，它是共情的最初形态，正是基于投射性认同与内摄性认同，我们才得以具备"设身处地为他人着想"的能力。其次，投射性认同是最早期象征形成的基础，通过将自身的一部分投射至客体，并将客体的某些部分内化为自身的一部分，构建了自我早期最原始的象征。

　　因此，我们不应仅将偏执－分裂心位所运用的这些防御机制视为保护自我免受即时与湮没性焦虑伤害的手段，还应视其为发展过程中逐步演进的步骤。

　　这就引出了一个问题：正常的个体是如何超越偏执－分裂

心位的？要平稳且相对顺利地从偏执－分裂心位过渡到下一个发展阶段——抑郁心位，一个关键的先决条件是好的体验必须多于坏的体验，且内外因素共同促成的好体验占据主导地位。

若好的体验多于坏的体验，自我将形成一种信念，认为理想客体比迫害性客体更强大；同时，它还会形成另一种信念，认为自身的生存本能总体上比死亡本能更强大。对客体之好和对自我之好的信念是相互关联的，因为自我不断地向外投射自身的本能，从而扭曲客体，同时内摄客体也与之认同。自我反复认同理想客体，以获取更强大的力量和能力来应对焦虑，而非依赖严厉的防御机制。随着对迫害者的恐惧减轻，迫害性客体与理想客体之间的分裂也逐渐减少，个体允许两者更接近，从而为整合做好准备。同时，当自我感觉更加强壮，自我的分裂就会减少，力比多也更具流动性。随着自我与理想客体的联系更加紧密，个体不再那么害怕自己的攻击性及其引发的焦虑，自我好的部分和坏的部分得以更紧密地结合。随着分裂的减少，自我对自己的攻击性有了更大的容忍度，投射的必要性也随之降低。当自我越来越能容忍自己的攻击性，将其视为自身的一部分，而非不断将其投射到客体中时，自我便为整合其客体、整合自身做好了准备。随着投射防御的减少，儿童区分自我与客体的能力逐渐增强，这为迈入抑郁心位铺平了道路。然而，若坏的体验占主导地位，情况则大相径庭，我将在讨论偏执－

分裂心位的病理时详述这种情况。

参考文献

MELANIE KLEIN: "Notes on some Schizoid Mechanisms," *Developments in Psycho-analysis* (Chapter 9). *Int. J. Psycho-Anal.,* vol. 27 (1946), Melanie Klein and others.

"On Identification," *New Directions in Psycho-analysis* (Chapter 13), Melanie Klein and others; *Our Adult World and Other Essays* (Chapter 3), Melanie Klein.

HANNA SEGAL: "Some Schizoid Mechanisms Underlying Phobia Formation." *Int. J. Psycho-Anal.,* vol. 35 (1954).

第 4 章

妒忌

我在第3章中曾提及，对于处于偏执－分裂心位的婴儿而言，顺利成长的关键在于好的体验应占上风，压倒不好的体验。婴儿的真实体验受制于外部与内部因素的双重影响。外部的匮乏，无论是生理上的还是心理上的，都会阻碍个体获得满足感。然而，即便环境条件有利于满足感的产生，这些感受也可能因内部因素而被篡改甚至阻断。

克莱因所描述的早期妒忌便是这些内部因素之一。它自婴儿出生起便开始发挥作用，对婴儿最初的体验产生显著影响。当然，妒忌作为一种关键情感，早已在精神分析的理论与实践中得到认可。弗洛伊德曾特别关注女性的阴茎妒忌。然而，其他类型的妒忌的重要性尚未被充分认识，例如男性对他人的能力、女性所拥有的事物或女性地位的妒忌，以及女性对他人的妒忌。妒忌在精神分析的著作与案例描述中占据重要地位。然而，除了关于阴茎妒忌的特定案例外，存在一种将妒忌与嫉妒（jealousy）混淆的倾向。有趣的是，这种混淆不仅存在于日常对话中，同样也出现在精神分析的文章中，即将妒忌误称为嫉妒，而嫉妒很少被描述为妒忌。在日常对话中，人们似乎有意避开妒忌这一概念，更倾向于使用嫉妒来替代它。这种倾向也在精神分析的演讲中有所体现。

在《嫉羡与感恩》一书中，克莱因对妒忌和嫉妒进行了正式的区分。她认为，妒忌是一种最为原始且基本的情感，其出现的时间更早。我们必须将早期的妒忌与嫉妒和贪婪区分开来。

嫉妒是基于爱之上的情感，其目的在于占有心爱的客体并驱逐竞争对手。它属于一种三元关系，因此存在于个体能够清晰地识别和区分客体的生命阶段。然而，妒忌则是一种二元关系，主体对客体的某种财富或品质心生妒忌，不希望其他生命客体介入这种关系。因此，嫉妒必然是一种整体 – 客体关系（whole-object relationship），而妒忌本质上是在部分 – 客体（part-objects）层面体验的，尽管它仍会持续存在于整体 – 客体关系中。

贪婪的目的在于不计后果地从客体身上攫取一切可得之物。这可能导致客体的毁灭以及美好事物的变质，但这种毁灭不过是个体无情掠夺客体的附带结果。妒忌的初衷则是使自身与客体同样美好，然而，当个体认为此目标难以达成时，其目的便转变为破坏客体的美好品质，以消除引发妒忌情感的根源。正是这种妒忌的破坏性，对婴儿的发展造成了极大的伤害，因为婴儿所依赖的美好事物的源泉已经变质，良好的内摄便难以完成。虽然妒忌源自原始的爱与倾羡，但与贪婪相比，其力比多成分较为脆弱，而死亡本能的气息更为浓厚。妒忌是对生命之源的攻击，我们可以认为这是死亡本能最早的直接外化。当婴儿意识到生命与美好体验皆源于乳房时，他的妒忌便会迅速蔓延。理想化机制强化了婴儿在乳房那里体验到的真实满足感，这种满足感在婴儿早期极为强烈，使婴儿觉得乳房是一切舒适感的源泉。无论是生理上还是心理上，婴儿都觉得乳房是一个取之不尽、用之不竭的宝库，里面装满了食物、温暖、爱、理解和智慧。这一奇妙客体所提供的满足体验增强了婴儿爱它、占有它、保存它、保护它的欲望，但正是这种体验，也激起了婴儿希望自己能够成为这种完美源泉的愿望。婴儿会体验到痛苦的妒忌感觉，伴随而来的是一种欲望——他想毁掉这个让他感到痛苦的好客体。

当妒忌与贪婪合而为一，婴儿便萌生出耗尽客体的强烈欲望。婴儿不仅渴望拥有客体的一切美好，更会刻意耗尽客体，使其不再有任何值得妒忌之处。正是这种贪婪与妒忌的交织，使得它在精神分析治疗中变得极具破坏性且难以应对。然而，婴儿的妒忌并不会因外部客体的耗尽而终止。一旦婴儿认为自己摄入的养分源自乳房，这些养分便也成了妒忌攻击的目标，同时，攻击也指向了内在的客体。妒忌主要通过投射机制运作。

当婴儿感觉自己充满了焦虑与不良之物，而乳房是所有美好之源时，受妒忌驱使，他渴望将自己的破坏性部分投射至乳房，以便破坏它。因此，在婴儿的幻想中，通过投射和穿透性的凝视（邪恶之眼），乳房遭受攻击，攻击可能源自唾液、尿液、粪便，甚至放屁。随着发展，这些攻击会扩展至母亲的身体、她腹中的胎儿，以及父母之间的关系。在俄狄浦斯情结的病理性发展中，相较于真实的嫉妒感，对父母关系的妒忌发挥着更为关键的作用。

早期的妒忌若过于强烈，会扰乱分裂机制的正常运行。在偏执－分裂心位中，将客体区分为理想客体与迫害性客体的过程至关重要。然而，正是那些激发个体妒忌的理想客体遭受了攻击与破坏，致使分裂过程难以持续。这不仅导致了好与坏的混淆，也干扰了分裂机制的正常运行。由于分裂机制无法持续，理想客体便难以保存，进而严重干扰了对理想客体的内摄与认同。因此，强烈的妒忌会引发绝望，自我的发展必然会受到冲击。若主体无法寻觅到理想客体，便无从期待外界的爱与援助，被摧毁的客体会给个体带来无尽的迫害感以及随之而来的内疚感。同时，缺乏对好客体的内化，会剥夺个体自我成长与同化的能力，使个体无法感知到自身与客体之间的巨大鸿沟。由此，便形成了一个恶性循环：妒忌阻碍了好客体的内化，而内化的缺失又进一步加剧了妒忌。

强烈的无意识妒忌常常是负性治疗反应和无休止治疗的根源，这一点在那些经历过长期治疗失败的患者身上尤为明显。我曾遇到一位前来接受分析的患者，他多年来接受过各种精神治疗和心理治疗。在每一个疗程中，他的状况都会有所好转，但疗程结束后便会再次恶化。当他开始接受分析时，他存在的主要问题很快便显现出来，那就是他强烈的负性治疗反应。我所代表的是一个成功而强大的父亲形象，他对这一角色的憎恨和竞争如此强烈，以至于分析工作（象征着我作为分析师的能力）被他一次又一次无意识地攻击和摧毁。从表面上看，这似乎是一场与父亲的直接的俄狄浦斯式较量，但在这个俄狄浦斯情境中，缺少了一个关键因素——对女性的强烈爱慕或吸引力。他渴望女性，仅仅是因为她们是父亲的拥有物，而女性自身似乎并无价值。如果他能拥有这些女性，他就会在心中摧毁她们，就像他试图掠夺和摧毁父亲的其他所有物，如他的阴茎或成就一样。在这种情况下，他无法内化父亲的能力，也无法与之认同，更无法内摄、保存并运用我的诠释。

在分析的第一年，他曾做了一个梦，梦中的他将本属于我车里的工具放入了他自己车的后备厢（我的车比他的大）。然而，当他抵达目的地并打开后备厢时，却发现所有的工具都已化为碎片。这个梦象征着他的同性恋特质——他渴望将父亲的阴茎纳入自己的肛门并"偷走"它，企图将其窃为己有。但在这一过程中，即便他成功内摄了阴茎，他对阴茎的憎恨却如此强烈，以至于他想要将其摧毁，因而也无法真正利用它。同样地，我给出的那些他认为完整且有用的诠释，也瞬间被撕成碎片。因此，尤其在那些给他带来解脱的分析小节之后，他便会陷入困惑与受迫害之感，就像那些支离破碎、扭曲模糊的诠释一样，令他感到困惑，对他内心发起攻击。很快，他的妒忌攻击转向了父母的伴侣关系。无论父母双方的性格如何，性别如何，他们任何形式的结合在他眼中都代表着令人妒忌的父母性交，必须予以攻击和摧毁。这使他很难与我保持有意义的联结，或者在内心难以与思想、想法和感觉保持联系。随着分析的深入，他的母性移情愈发显著，他表现出对母亲形象、女性生殖器、性高潮、怀孕，尤其是乳房的强烈妒忌。

长期以来，他一直饱受一种症状的困扰：无法与他人共进餐食，尤其是妻子烹制的食物。他常常陷入这样的妄想：他的食物被污染，甚至被下了毒，或者在冰箱中存放过久而变质。若他的妻子或管家在他用餐时交谈，他会觉得这是对他的一种尖锐攻击，随即引发急性胃痛。在移情过程中，他总认为我站在他妻子一边，对她那攻击性的行为视若无睹。而我的诠释在他看来，不过是重复了他妻子对他的攻击。很快便明朗的是，尽管为他提供食物的女性能够带来满足，但她仍是一个令他妒忌的对象，以至于她所准备的食物一靠近他，便立刻遭到了排泄物的攻击，从而受到污染。

对好客体（父亲、父母双方以及哺育他的母亲）的妒忌攻击，干扰了他所有的内摄过程。因此，他在学习、思考、工作和用餐方面都遇到了重重困难。对他而言，最痛苦的莫过于智力上的困境，由于这种妒忌的特质，他备受那些永远无法实现的过度野心的折磨。

经过数年的分析，在取得显著进展之后，他首次向同事们展示自己的实验研究成果，所有这些问题逐渐凸显。在他心中，这将是一次震惊世界的大事件。他期望自己的研究能让那些他既崇拜又妒忌的部门领导感到震惊和妒忌。然而，他同时又害怕成为众人嘲笑和蔑视的对象。在移情方面，有时，这件即将到来的事在他看来是一个巨大的成功，旨在向我证明他比我更有创造力，让我充满妒忌；有时，他又觉得这件事完全是一场灾难，这将向全世界证明我对他造成了多大的伤害，让我名誉扫地。同时，他也意识到，没有分析的帮助，他就无法完成和展示自己的研究。正如他所说，他把我"供上神坛"，并认同了我。在他工作时，他觉得是存在于他体内的我完成了那些任务。

在报告研究的数日前，我向他指出，事实上他似乎无法构想这次会议的场景，也无法现实地预估他人对他研究的反应。随后，他意识到自己确实做不到，因为他觉得无论如何都会以疯狂告终。他知道，对他而言，不存在所谓的适度成功。如果他的研究成功了（哪怕只有一句赞扬，他都会认为自己的研究是该学科历史上最重要的成果），他会担心无法抑制自己的傲慢，最终因夸大的妄想而陷入疯狂；另一方面，如果他的研究失败了（他也知道任何一句批评都会被他视为彻底的灾难），他担心这会导致他的抑郁和受迫害感，最终走向自杀。

　　第二天，患者报告了一个梦，梦中的他与一只恐龙于伦敦街头携手漫步。彼时的伦敦空寂无人，四下里不见半个人影。恐龙饥肠辘辘，馋涎欲滴。患者便不断地从口袋里掏出些零星食物喂它，心中却满是忧虑，生怕食物耗尽后，恐龙会将自己吞食。他推测伦敦之所以这般空旷，或许是因为恐龙将所有居民尽数吞噬。谈及此梦，他首先联想到恐龙象征着自己无尽的虚荣心。此梦亦让他回忆起上一次治疗结束时的情景，他认为这反映了他在工作中所遭遇的困境。他必须不断满足自己的虚荣心，否则虚荣心便会反噬自身。然而，一旦得到满足，虚荣心便会愈发膨胀，愈发危险。虚荣恰是他妒忌情绪的一个侧面体现，既是妒忌的外在表现，也是抵御妒忌的一种方式。妒忌如同一只吞噬一切的怪兽，将周围的一切客体都吞噬殆尽，令他备感生活的空虚与威胁。关于此梦的进一步联想清晰地揭示出，若他满足了自身的妒忌，便会陷入孤独、懊悔、愧疚以及被迫害的痛苦之中，而这些负面情绪又会进一步加剧他的妒忌；

反之，若不满足妒忌的欲求，他便会遭受那具有毁灭性、吞噬性的妒忌的侵袭，从而走向自我毁灭，陷入毒性弥漫的境地。

第三天，他与原始客体之间的关系充斥着浓烈的妒忌之情，这使他陷入了沉重的痛苦与绝望之中，进而促使他调动起强大的防御机制来抵御这种情感。在我看来，妒忌的其中一种目的便是破坏，这在某种意义上可被视为一种防御手段，因为一旦客体遭到破坏，便不会再引发妒忌。贬低则是破坏的一种较为温和的表现形式，只需降低客体的价值，便能在一定程度上保护客体免遭彻底的破坏。通常，这种破坏或贬低行为与将强烈的妒忌感投射到客体内部密切相关。

与贬低以及妒忌投射形成鲜明对比的是，个体为了保全某些理想客体，可能会启用僵硬的理想化防御机制。然而，这种理想化恰恰是最危险的，因为客体越是被理想化，所引发的妒忌之情便越是强烈。所有这些防御机制，都在无形中削弱了自我的力量。

这些防御机制在患者身上清晰可辨。以对恐龙梦的深入剖析为例，恐龙不仅代表着患者自身，还象征着其内在的父亲形象。当患者感受到成功之时，他便觉得仿佛用那怪兽般的妒忌将客体塞得满满当当。于是，他的超我便被妒忌与破坏性所充斥，进而攻击他所有的努力、成就以及所拥有的一切美好事物。

　　在这般绝望的境遇之下，患者试图借助分裂与理想化来保护自己。在其所呈现的素材中，始终存在着一个可供他内化并部分认同的理想化客体。该客体的转化与替换速度极为迅猛。然而，无论怎样，他对理想化客体都有着一个基本的要求：理想化客体不仅要归属于他，而且必须由他亲手创造。从本质上讲，唯一堪称理想的客体，便是他觉得最初由自己创造的内在乳房。这种无意识的幻想尤其能够解释他此前经历诸多漫长精神治疗的缘由。他渴望一个能给予他完全且持续满足的外部客体，如此一来，在他的幻想之中，他自己便成了食物的源泉，外部客体便能被彻底否定与贬低。任何挫折都会让他瞬间意识到，生命与食物的源泉实则是他母亲的乳房，而非他自己。然而，这必将立刻引发一场毁灭性的攻击。例如，在一次治疗过程中，他觉得我已然被彻底摧毁（他常常会有客体被摧毁的无意识幻想）。作为一名精神分析师，我变得毫无价值，我的职业生涯似乎也将就此终结。据他所说，我"在阴沟里翻了船"。可就在同一天，当他看到一本畅销杂志提及我时，这似乎让他略感不悦，但这种情绪并未持续太久。经过两节分析之后，他以一种前所未有的方式对分析以及我的工作大加赞赏，他自己也对这种转变感到颇为惊讶。他困惑于自己为何要将我如此理想化，为何要将我"供上神坛"。后来我们逐渐理清其中的缘由，在他的幻想里，杂志提及我的事情并无不妥，因为他觉得这是他一手促成的（通过对我进行理想化），是他将我"推上了神坛"。我被允许成为理想化的对象，因为他需要我这样一个理想化客体来中和他内在的破坏性，但前提是，他能够全知全能地掌控我，既能将我拖入"阴沟"，也能将我送上"神坛"。通过对自己创造的这个理想化客体的认同，他感受到了自身的全能与伟大。他的情绪在深度抑郁和极度自大之间波动。在抑郁时，他感到自己内心的一切都被妒忌的攻击所摧毁；而在自大时，他感到自己高人一等。

在这位备受煎熬的患者身上，我们不仅能够清晰地洞察到针对妒忌的防御机制是如何催生精神病理的发展的，还能看到它们在遏制妒忌的破坏性行为方面所暴露出的无能为力。相较之下，那些病情较轻的患者的状况则不那么严峻，他们对妒忌的防御或许更为奏效。例如，妒忌的情绪与幻想或许能够在发展的早期阶段便被有效地分裂出去，而其自我也足够强大，足以抵御这些情绪的再度侵袭。因此，我打算将上述所提及的材料与另一位轻症患者的案例进行对比分析，以此来阐释在一个适应良好的人格中，妒忌及其防御机制是如何发挥作用的。

该患者是一位中年女性，她的婚姻生活美满幸福，对自己的事业也怀有浓厚的兴趣，并且在事业上取得了相当可观的成就。她之所以接受精神分析，是因为她感受到了抑郁情绪的困扰以及在工作中遭遇的压抑感。她所从事的是学术领域的工作。尽管在事业上收获颇丰，但在那些更具创造性和价值的研究课题上，她却屡屡受挫，难以突破。

她没有表现出任何明显的妒忌，在接受新知识和学习方面也毫无阻碍，且能够与同事们高效协作。在移情过程中，她未出现明显的负性治疗反应，其精神分析进程也看似稳步向前。她对母亲的妒忌之情也相对淡薄。尽管强烈的竞争心理会让她深感内疚，但这些情绪与三角嫉妒情境以及强烈的占有式爱恋紧密相连。因此，在她的分析过程中，我们发现她对妹妹存在着强烈的竞争感。在她眼中，妹妹是父母的掌上明珠，尤其受父亲的偏爱。在分析中，她不仅重现了因父亲对妹妹的宠爱而被激发的强烈嫉妒与竞争情绪，还重现了妹妹离世时（当时她年仅四岁）她内心深处的愧疚与抑郁之情。

在分析过程中，她主要呈现出的是阴茎妒忌，这与她所经历的三角竞争密切相关，即她与父亲及哥哥争夺母亲的爱。修复姐妹关系的强烈动机进一步强化了这一点，促使她形成了一种潜在的同性恋关系模式。与母亲的竞争始终是她在分析中最为棘手的部分。尽管她对父亲充满崇拜与向往，但她与母亲的竞争往往被转移到姐妹或兄弟的形象上。另一方面，在谈及同性恋关系模式时，她能够更为自由地承认自己与父亲和哥哥的竞争是为了赢得母亲的爱。在移情方面，她将我视为一个与她存在竞争关系的母亲形象，这在一定程度上掩盖了她与我的直接对抗。不过，无论如何，一些与俄狄浦斯情结直接相关的内容在分析中得到了有效的修通。

　　彼时，我尚未洞察到妒忌分裂的关键意义。倘若当时有所察觉，在面对患者在移情中对竞争情感的阻抗时，我便会更加警觉地关注妒忌的分裂现象，同时留意她对远大抱负的明显压抑。她之所以能够投身于这一专业领域的工作，源于她对该工作的浓厚兴趣，这对她而言具有强烈的修复价值。然而，一旦她意识到自身的野心，便很快在工作中遭遇了抑制。当她的诸多问题看似都已得到解决之际，妒忌却悄然浮现于她的分析之中，而大量精神障碍以及近乎精神病性的素材的涌现，预示着妒忌的降临。起初，那曾困扰她许久的对创造性工作的抑制再度出现，随之而来的还有抑郁与焦虑。继而，她逐渐陷入了妄想之中。她觉得同事们（尤其是男同事）对她抱有敌意，她的哥哥会暗中与我见面，以图为自己争取分析的机会，她的丈夫或许对她不忠，等等。当这些念头在她脑海中闪现时，她明知它们纯属妄想，却仍被强烈的妄想与非理性情绪所困扰，心中满是恐惧，因为她深知理智与疯狂仅一步之遥。她的妄想内容十分清晰：她担忧与男性之间的竞争以及男性的报复。通过幻想，她试图对他们进行补偿——给予丈夫一个更优秀、不那么令人反感的伴侣，为哥哥提供一位出色的分析师（母亲形象）。这些妄想虽逐渐消散，但患者在工作中依旧处于抑制状态。她的情绪起伏不定，她觉得自己的"疯狂"仍未得到充分的分析。

数月前，患者头顶生出一颗小疣。虽未引起她过多忧虑，但她却在分析中提及了此事。当她被幻想与非理性情绪所困扰时，便会抱怨自己"脑子里长了一个疣"。有时，她还会将其与头顶长出阴茎的念头相联系，这在其智力活动中有所体现。某日，她谈及她与丈夫参加了一场聚会，他们带回了一些气球给孩子。这件事勾起了她童年的回忆。她的父母曾去参加狂欢节舞会，翌日清晨，她醒来发现房间里满是气球、滑稽的帽子和纸扇。在她的记忆里，那是一段极为快乐的时光，象征着父母年轻迷人、充满神秘与刺激的生活。她觉得父母带回礼物意味着他们想要与她分享那份快乐。

聚会上的一幕似乎令她颇感不安。当时，她与一群朋友聚在一起，其中有一位未婚女子琼。琼未携舞伴出席，且在晚会尚未结束时便提前离去，也未等待其他朋友，更未搭他们的顺风车。对此，患者深感忧虑。在分析过程中，患者偶尔会提及琼，她患有神经性脱发症，且早年便成孤儿，患者认为这或许是琼罹患脱发症的诱因。

次日，患者做了一个梦，梦见自己头上长出一个肿瘤。虽看似是皮肤问题，却令人作呕，极有可能是恶性肿瘤。尽管梦中的她并未惊慌失措，但内心既感厌恶，又略带担忧。当她发现肿瘤恰巧长在疣的旁边时，尤为惊讶。在梦里，她心生一念："疣还在那儿！"她似乎期望肿瘤是由疣演变而来，或者肿瘤取代了疣，自己不至于同时遭受两者的折磨。她将肿瘤展示给丈夫，仿佛想要向他证明些什么。她不确定这是在向他坦白，还是在祈求他的安慰或帮助。

　　这个梦令她备感困惑与不安。她将头上那令人恐惧的肿瘤与琼的脱发联系在了一起，并且出现了两次口误，将琼称为"简"，过去她偶尔也会犯这样的错误。简与琼在某种程度上截然相反，简年轻貌美，刚刚诞下了一个孩子。这个肿瘤似乎又让她联想到了曾经见过的子宫和乳房肿瘤的彩色幻灯片，但她坚决认为，在她的感觉中这绝对只是皮肤病。她还联想到一个漏气的气球，但很快便放弃了这个联想，这个联想对她来说似乎并无太多意义，唯有与琼有关的联想更富有情感色彩。她回忆起自己曾多么嫉妒妹妹那漂亮的头发。对她而言，琼的出现就像是被剥夺了一切的妹妹（她既没有漂亮的头发，也没有父母）又回来了。琼没有丈夫和孩子，这象征着她的妹妹因早逝而未能长大成为一个女人。患者觉得梦中出现的头皮疾病是一种赎罪。然而，尽管这种联系带来了一些宽慰与理解，但它似乎仍显得十分不完整。在这次治疗即将结束时，患者突然意识到她的皮肤病其实是一种癣。前几天，她听到一句西班牙谚语，大意是："如果妒忌是癣，那么世界上会有多少人满身是癣？"有了这样的联想，她感到极大的宽慰与理解，突然觉得一切都明朗起来，心情也好了许多。

在随后的几次分析中，她逐渐领悟到：妒忌就如同癣疾或癌症（此前她摒弃对癌症的联想，实则是对危险的一种否认）一般，正是她那"大脑中的疣"，让她也逐渐察觉到妒忌是如何侵蚀她的人际关系与日常生活的。梦中"疣还在那儿"的念头象征着她突然间意识到了自身的妒忌，她渴望拥有的一切：乳房、子宫、婴儿、所有女性的成就，乃至阴茎。如今她才明白，当父母外出参加聚会时，她内心其实充满了妒忌，她与妹妹之间的关系远比表面上看到的要复杂得多。她不仅与妹妹争夺父母的爱，甚至还希望看到妹妹被剥夺一切。这并非仅仅源于她的嫉妒，更因为她需要一个被剥夺的妹妹。作为投射的载体，她期望妹妹（而非自己）遭受那丑陋且具有毁灭性的妒忌的折磨。令她产生妒忌的首个客体是她的母亲，在她的联想中以"简"这一形象为代表。她内摄了母亲的气球——象征着乳房与子宫，但随后又将其破坏（在她关于梦境的联想中，那是一个漏了气的气球）。被剥夺的琼既是母亲的化身，也是妹妹的影子，而她将简与琼混淆的口误，恰恰暴露了她们在她心中的身份重叠。她对阴茎的妒忌仅次于对母亲的妒忌。其中一部分是对乳房妒忌的转移，另一部分则是对阴茎本身的妒忌。在她看来，阴茎并非男性所拥有的某样东西，而是她渴望得到的、原本属于她母亲的另一件宝贝。在接下来的数次治疗中，她意识到自己妒忌着每一个人、每一件事。她妒忌男性所拥有的阴茎以及女性对他们的爱慕；妒忌新生儿和那些得以母乳喂养的婴儿；妒忌已婚女性拥有丈夫的幸福；同时也妒忌那些未婚女性拥有充裕的时间，无家庭与经济之忧，甚至在事业上取得了更为显著的成就。

她所拥有的一切——婚姻、孩子、能力以及职业成就，皆被她内心的内疚所摧毁。她认为这一切都与她的妒忌情绪紧密相连。她为自己的贪婪而深感愧疚，因为她不仅在女性领域取得了成就，也在男性领域有所斩获。然而，最沉重的愧疚源于她意识到自己无意识地利用所拥有的一切去引发他人的妒忌，就如同过去她试图将自己的妒忌投射到妹妹身上一般。

她不得不抑制自己的成功，因为成功会让她感到过于内疚，也过于恐惧他人的妒忌（她将妒忌情绪投射到了他人身上）。尤其是她无法让自己在工作中展现出创造力，因为这象征着她与母亲在创造力以及女性所拥有的事物上的竞争。倘若她在这一竞争中胜出，她便会将极大的妒忌投射给母亲。妒忌无疑是她的"脑疣"，因为它干扰了她所有的创造力。那疣本身已经干瘪，且在分析后的数日内便自行脱落。她对我的妒忌在分析过程中暴露无遗。我们发现，气球的漏气也象征着她那令人沮丧的分析工作。她只能容许分析工作取得适度的成功，这在某种程度上是为了防止妒忌情绪在我们任何一方滋生。

从这位患者的案例中，我们可以清晰地看到，当妒忌被成功地分裂出去时，患者的人格虽能获得更好的发展，但这一过程的代价是人格在一定程度上的贫瘠化。此外，即便妒忌被分裂出去，它依然是无意识内疚持续的源头，并且带来了一个持续的威胁——精神病性部分可能会暴露出来。

在相对正常的发展过程中，妒忌会逐渐变得更加整合。乳房所带来的满足感不仅会引发妒忌，还会激发仰慕、爱以及感恩之情。一旦自我开始整合，这些情感便会相互冲突。倘若妒忌并非压倒一切，那么感恩之情便会战胜并减轻妒忌。伴随着爱、满足与感恩，理想的乳房得以内化，成为自我不可或缺的一部分，自我也因此被美好的事物所充实。因此，在一个良性循环中，随着满足感的增加，妒忌会相应减少，而妒忌的减少又会带来更多的满足，从而进一步促进妒忌的消减。尽管与原始客体相关的妒忌有所减弱，但它依然存在。部分情感从原始客体转移到竞争对手身上，结合对竞争对手的嫉妒情绪，对母亲乳房的妒忌被转移到父亲的阴茎上，从而增强了与父亲的竞争。这样，在原始客体不再被视为具有破坏性时，与原始客体相关的妒忌便会以一种自我协调的方式，成为模仿客体和与客体竞争的基础，而不会引发毁灭、内疚和迫害感。

然而，在病理性的发展中，早期的妒忌过于强烈，从根本上影响了偏执-分裂心位的进程，从而导致了心理病理的形成。

xxx

参考文献

MELAME KLEIN: *Envy and Gratitude.*

HERBERT ROSENFELD: "Some Observations on the Psycho-pathology of Hypochondriacal States," *Int. J. Psycho-Anal.*, vol. 39 (1958).

BETTY JOSEPH: "Some Characteristics of the Psychopathic Personality," *Int. J. Psycho-Anal.*, vol. XLI (1960).

第 5 章

偏执－分裂心位的病理

　　毋庸置疑，个体发展初期的心理病理乃是精神分析研究领域中最为模糊且棘手的课题。究其原因在于，这一阶段在时间轴上距离我们接触患者之时相隔甚远。早期阶段的经历会随着后续经验的积累而遭受修正、扭曲乃至混淆。况且，在观察婴儿的行为表现时，婴儿年龄越小，其行为的解读难度就越大。相较于正常发展的婴儿期，一旦发展过程中出现病理现象，研究的难度便会急剧攀升。如果一个婴儿受到的干扰很大，表现出明显的病理症状，那么他的内心体验和经历就会与观察他的成人的内省体验相差甚远。

　　然而，对这一阶段的研究至关重要。我们深知精神病的固着点往往出现在婴儿出生后的头几个月。此外，我们还了解到，精神疾病的退行并非退回到正常发展的阶段，而是退行至一个病理紊乱的阶段，在此阶段中障碍丛生，并形成了固着点。因此，我们有充分的理由假设——当精神病患者退行至婴儿最初几个月时，他实际上退行至一个在婴儿时期便已蕴含精神病理特征的阶段，而我们的临床经验也完全印证了这一假设。通过对精神分裂症及分裂症患者的病史研究，以及对出生后婴儿的观察，我们如今愈发能够诊断婴儿早期的分裂症特征，并预见到个体未来可能遭遇的困境。对涵盖精神病儿童在内的各年龄段精神分裂症患者进行详尽的精神分析，将助力我们深入理解婴儿早期心理障碍的精神动力学机制。

在第 4 章中，我着重阐述了正常发展过程中偏执 – 分裂心位所具备的特征：好客体与坏客体之间存在着分裂；充满爱的自我与充满恨的自我之间存在着分裂，且在此分裂中，好的体验相较于坏的体验占据主导地位，这为后续的整合提供了必要条件。同时，我还强调了在这一阶段，婴儿是借助投射与内摄的过程来构建其感知的。

然而，所有这些进程皆可能因内部或外部因素（通常为二者的综合）而受到干扰，致使坏的体验强过了好的体验。本章无法详尽地描述在这一情形下可能出现的所有病理变化，仅对几种典型的病理现象进行阐述。

在偏执 – 分裂心位的不利情境下，投射性认同的运用方式将与正常发展过程中的大相径庭。W.R. 比昂是首位描绘病理性投射性认同特征的精神分析师。

在正常的发展进程中，婴儿会将自身以及内部客体的一部分投射至乳房和母亲身上。在投射的过程中，这些被投射出去的部分相对稳定。当它们在后续被重新内摄时，便能够再次融入自我之中。此外，这些被投射出去的部分遵循着一定的心理与生理界限。例如，被投射出去的可能是"坏的"或"好的"部分，抑或是某些感觉，如视觉、听觉或性冲动。在第3章所呈现的儿童案例中的"狡猾的狐狸"，便是此类投射的一个典型例证。

然而，若存在强烈的焦虑、敌意以及嫉妒冲动，投射性认同便会呈现出不同的形态。被投射出去的部分会分裂成细小的碎片，这些碎片被投射进客体之中，致使客体也分裂成细小的碎片。这种暴力的投射性认同具有双重目的。首先，由于处于病理发展中的个体将现实感知为一个迫害者，他对所有外部现实和内部现实的体验都充斥着强烈的仇恨。因此，自我试图通过分裂来摆脱对现实的感知，其主要目的在于攻击、破坏乃至消灭感觉器官。与此同时，由于引发这些感觉的客体亦是可憎的，故而投射的目的不仅在于摧毁那些现实中令人厌恶的客体，还在于消灭感知这些客体的器官。倘若嫉妒情绪极为强烈，个体对理想客体的感知便会与对坏客体的体验一样令人痛苦，因为理想客体会激发个体产生难以忍受的妒忌。因此，这种投射性认同既可能指向迫害性客体，也可能指向理想客体。

这种碎片化过程所引发的结果是，理想客体与坏客体无法被"整齐地"分裂开来。患者感觉客体被分割成了细小的碎片，每一块碎片都蕴含着一个微小却带有强烈敌意的自我部分。比昂将这些碎片称之为"怪异客体"（bizarre objects）。在此分裂过程中，患者的自我遭受了严重的损害。它试图摆脱痛苦，却反而招致更大的痛苦，这既源于"怪异客体"的迫害性质，也因为感觉器官遭到了破坏。这引发了一个恶性循环：现实的痛苦激发了病理性的投射性认同，而病理性的投射性认同又反过来使得现实变得更加具有迫害性和痛苦性。受此过程影响的那部分现实，在患者眼中被体验为一个充满巨大敌意的"怪异客体"，正威胁着一个精疲力竭且支离破碎的自我。

根据我的经验，部分患者试图通过将这些"怪异客体"予以分裂，并将其隔离于所谓的"第三区"，以此来拯救那些被分裂的客体以及残存的自我。例如，一位边缘性分裂症患者曾言："我无法与你建立联系。我的头颅置于枕上，而你端坐于扶手椅中，但在你与我头顶之间，唯有那可怖的血腥混杂物。"经过一段时间的分析后，我们得知这"血腥混杂物"与他被脓肿乳房哺育的经历密切相关。他视"混杂物"为被咬伤、化脓的乳房颗粒，其中还掺杂着患者自身的尿液、粪便以及牙齿碎片。他能让自己的"头脑"象征着理智，让那遥远的分析师安坐于扶手椅上，但他却无法与我建立起任何联系。他的嘴与乳房之间的真实关联，发生在那"第三区"，即从分析师－母亲与患者－

婴儿的分裂中衍生出的"混杂物"之中。

同样地，我有一位处于青春期的精神分裂症患者，在治疗过程中她对我视若无睹，而是完全被躺椅上的枕头所吸引。在分析中，枕头象征着乳房，承载着患者投射的婴儿头部。尽管向她诠释枕头代表乳房对她而言毫无意义，但当我进一步诠释道"枕头代表着包含头部的乳房，她将自己的头部与乳房的关系从与母亲的关系中分裂出来"时，她的移情出现了显著的转变。患者开始察觉到我的存在，并体验到一种明显的敌意和迫害性的移情。每当这种移情变得过于强烈时，她便会再次创造出"第三区"，将注意力重新集中在枕头上，有时还会关注躺椅上的其他装饰品。

投射性认同对现实的攻击与偏执－分裂心位所特有的另一过程——对联结的攻击——密切相关，比昂对此曾做过详细的阐述。在婴儿的感知中，那些负责与客体建立联结的功能或器官皆遭受了猛烈的攻击，婴儿的嘴巴与母亲的乳头亦未能幸免，因为它们正是连接婴儿与乳房的纽带。正如我先前提及的那位患者，他的攻击行为产生了一个婴儿与母亲关系中的"血腥混杂物"，取代了患者与分析师之间的联结。同样地，那位青春型分裂症患者过去常常撕扯枕头和躺椅上的线头，然后将它们撕成碎片。当她具备洞察力时，她承认自己试图撕毁的是她与外部世界的联结，也就是她所谓的"锁链"。通过这种方式，自我与内部客体、外部客体之间，以及自我各个部分（例如情感与思考功能）之间的联结遭到攻击与破坏。随之而来的是，其他客体之间的联结又成为妒忌的攻击对象，因为婴儿觉得自己无法建立联结，遂更加妒忌他人的联结能力。当然，他越是攻击自己内部客体的联结，他的联结能力就越差，妒忌之情也就越强烈。

这些客体之间的联结迅速被性欲化。许多治疗精神分裂症的分析师认为，分裂症婴儿有过早的生殖器幻想和体验，以及过早的暴力性妒忌和嫉妒。这导致他们的俄狄浦斯情结停留在口欲期，其特点并非对父母关系的嫉妒，而是对父母之间建立联结能力的强烈妒忌。

分裂症婴儿生活在一个与正常儿童截然不同的世界里。他们的感知觉器官遭到破坏，感觉自己被弥漫的、充满敌意的客体所包围。他们与现实的联结要么被破坏，要么令人痛苦，其联结和整合的能力受到干扰。为了在这种状态下生存，婴儿必须以某种方式保留一部分具有进食能力并能创造足够好客体的自我，从而实现进食和其他内摄过程，例如学习。他们面临的任务是分裂出并维持一个不受投射性认同毁灭性影响的理想客体。在下面的例子中，大家可以看到患者做出的这一类尝试。

那位抱怨"混杂物"的患者，在与妻子的关系中，曾有一段时间感受到了强烈的迫害感。他怀疑妻子故意破坏他的食物，有时甚至怀疑她在食物里下毒。他还怀疑妻子对他们的孩子心怀恶意，甚至企图谋杀孩子。他常常指责我站在他妻子一边，他的这些怀疑逐渐在移情中被充分展现出来。与此同时，患者将自己理想化，尤其是他与孩子的关系以及他的工作。当这些素材得到部分修通，特别是当他对自己理想化以及对自己坏的部分的投射进行分析之后，他清晰而富有情感地认识到，他之前所攻击的分析工作，既代表了母亲的食物，也代表了她所创造的婴儿。

在一次尤为深刻的领悟之后，他带着迥然不同的心境参与了一次治疗。那晚，他的孩子身体不适，他听到了孩子的哭声，却未起身照料。他将自己的这种行为与妻子随时准备照顾孩子的态度、慷慨的爱、关怀以及对孩子和自己的耐心进行了对比。他还提及了我在处理他种种指责与投射时所展现的耐心。然而，他以一种讥讽的语调补充道："既然每当我诋毁妻子时，你都会解释说，那是我把自己的坏部分投射到她身上。我想，现在当我夸赞妻子、夸赞你时，你会解释说这些是我自身好的部分，但我只能在他人身上察觉到。"尽管他的联想带有嘲弄之意，但我诠释道，这确实反映了他内心的感受。他必须将这些好的部分投射出去，因为若将它们留在自己身上，他便面临着内心的冲突以及照顾孩子的责任。若他还保有对孩子的爱，便需在夜间起身照料她。若他还怀揣着对分析工作的爱，便需从内心深处珍视这份工作，并守护它免受自身破坏冲动的侵袭。

一旦患者意识到自己的破坏性，他便不得不将自己好的部分投射到外面，以免这些好的部分被内部冲突中坏的部分所吞噬。因此，他将妻子和我（代表着他的母亲形象）视为蕴含了他所有好的部分的理想客体，而留给自己的则是彻底的坏与贫瘠。诸多情形皆与这种心理结构相呼应，例如，在移情过程中，患者将所有待完成的工作都推给了我，在家中则将所有事务都交由妻子承担。然而，这种理想化极为脆弱。治疗进行至中途时，患者愤懑地回忆起，他曾将最优质的股份赠予妻子，因而心生恨意。他感觉自己遭到了掠夺，疲惫不堪。继而，他抱怨分析工作剥夺了他的自尊，使他觉得自己一无是处。他的理想客体也随之转变成了迫害者，他无法忍受理想化所带来的影响。自他将"最优质的股份"交付给理想客体的那一刻起，他就觉得她们窃取了他的宝贝。与此同时，他的妒忌情绪愈发强烈，这导致理想客体再次沦为被他攻击与敌意投射的对象。

这里还有一个例子阐释了在病理性偏执－分裂过程盛行时维持理想客体的难度。患者是一位中年女性，正处于急性疑病症阶段，这一阶段带有躁狂、偏执和抑郁的特征。她坚信自己患有一种全身性的细菌感染，并认为这是导致她情绪不稳定和全身疲劳的原因。她煞有介事且生动地描述了细菌如何侵袭她的中枢神经系统，干扰她的思维和肾上腺功能，使她筋疲力尽；细菌还侵入她的感觉器官，导致她的听觉和视觉变得过度敏感。毫无疑问，她内心的迫害者正是那些"怪异客体"，她试图将它们分裂出去，以使自己想要维持的关系免受迫害。

在她眼中，与她交往的人可分为两类。第一类是依赖于她的人。她自觉有责任关怀他们，若忽视他们，她便会陷入内疚。她认为这些人皆处于精神崩溃的边缘，是她所投射出的"崩溃"的容器。第二类人数较少，包括她的丈夫以及一两位男性。她对他们有着强烈的理想化情感并依赖他们，尽管她极力否认这种依赖。然而，不久后便显而易见，她无法维持这种分裂，她的理想客体也被怀疑陷入了"崩溃"之中。尿液一直是她分析过程中的主要内容。在这一时期，她感觉自己的内部客体以及部分自我在这种细微的崩解中失去了形态，从而产生了尿液；与此同时，她觉得尿液就像是一股被她注入到客体中的细菌。她的话语狂躁而急迫，充满了要求与侵扰性，宛如一股尿流。通过这种方式，她可以把"崩溃"投射到她的客体之中。

有一段时间，患者对移情诠释表现出强烈的抗拒，直到有一天她报告说做了一个梦。在梦中，有一个无法使用的便壶，因为它被一块印花布罩住了——在梦里，这种情况让她陷入了绝望和愤怒。她对这个梦的联想是，前一天下午她打电话给我，说要调整一次治疗的时间，她觉得我在电话中的回答简短且粗鲁。

在那个梦之后的分析工作中表明了患者在与我的关系中将我视为理想客体。她当时心目中的理想客体是一个便壶——一个她可以倾倒尿液的乳房，一个能够容纳她的"崩溃"而自身不会崩溃的客体。如果我看起来没有受到她的投射的影响，也就是说我抵挡住了她的投射性认同，那么我就变得像一个盖着盖子的便壶一样无用；而她则被留在那里，充满了细菌和尿液。然而，如果我在某种程度上表现出受到了投射的影响，例如我看起来面色苍白或有轻微的感冒，她便觉得所有的"崩溃"都投射到了我身上，这首先使我成为一个需要关心的对象，但很快，我就变成了迫害者，把"崩溃"和细菌又倾倒给她。在极少数情况下，当患者能够理解整个过程时，她能感觉到我是满足她需求的理想客体，可以接受她的"崩溃"，并能耐受它，而不会由此变得崩溃和具有报复性。这样的体验可以带来暂时的缓解，但却增加了她的妒忌和疯狂的尿道攻击。这个梦表达了她与原初理想客体的关系，其中便壶代表了分析师，即乳房－便壶，对这个关系的认识让她难以忍受，她不得不把它分裂成倾注其心力的三类关系：她的细菌（纯粹的迫害），她的理想客体以及她关心的客体（抑郁和迫害的混合物）。对客体的这种分裂使她无法意识到，正是由于她自己的攻击，才导致她的理想客体变成了尿液－细菌；正是因为她使用受感染的尿液来攻击外部客体，才导致了她的理想客体的崩溃。

为了更全面地阐释某些病理过程，我将近乎完整地描述一位患有精神分裂症的青春期女孩的首次治疗过程。为使阐述更为清晰，我将治疗过程划分为数个部分。

患者是一位 16 岁的女孩，有着长期的精神分裂症病史。在父亲自杀不久后，她从某小镇来到了伦敦。患者并未被告知父亲死于自杀，家人认为不应让她知晓此事。当母亲向她说明治疗安排时，她仅提出这样一个问题：分析师结婚了吗？她有孩子吗？

第一个片段：她踏入房间，环视四周，轻快地在室内跳跃数圈，随后便开始讲话。她说自己前来接受治疗是因为难以集中精力工作，但她认为自己不会说太多，因为她知道我期望她开口，然而每当别人想要她说话时，她却只想保持沉默。只有当别人要求她安静时，她才愿意开口。总而言之，在她看来，谈话是一件毫无意义的事，人们总是围绕健康、婚姻和生育这些话题喋喋不休。而她既没有健康问题，也未曾结婚生子，因此她对这些话题毫无兴趣。接着，她再次环顾房间，低声嘟囔道："我只谈论生病的事，结果让周围的人都染上了病。"然后她提高嗓门说："人们总是谈论生病的事，这对我不利，只会让我变得更病恹恹的。不管怎样，我的家人除了争吵和谈论疾病外，并没有其他的。"

在第一个片段中，患者呈现出感知的突然变化。一开始她说"人们总是谈论健康、婚姻和生育"，最后她却说"我的家人总是争吵和谈论疾病"。这种感知变化的背后存在着一种动态过程。她在我身上看到了一个有孩子的健康的已婚者，这重复了她对父母作为一对伴侣的体验。与我（她的父母）相比，她觉得自己除了生病一无所有。她妒忌我，就像她妒忌她父母健康的婚姻一样，并且她觉得通过谈话，她可以把疾病投射到他们身上（"我只谈生病的事，结果让周围的人都染上了病"）。因此，通过她的谈话，导致了家庭成员争吵和生病，然后他们又用疾病来攻击她。她对父母和分析师的妒忌是无意识的，她只是隐约地意识到这种攻击性质，然而，对于谈话的危险性，她是能意识到的 ①。

第二个片段：我通过诠释向她指出了她的攻击和对于报复的恐惧，患者说，无论如何，她在人们身上看到的都是"书中人物的投射"。她描述了自己对阅读的热爱，如饥似渴地沉浸在书籍之中。她说，书中的人物对她而言比现实中任何人都要真实得多，然而他们又显得如此不真实。书中的人物能够拥有情

---

① 我和这位患者的工作是在《嫉羡与感恩》出版之前，该案例非常有趣地记录了在精神病性患者的分析中，无意识的妒忌是如何迅速浮现的。——编者注

感，而她自己却缺乏这些情感。书中的人物是如此出色，因为她可以随心所欲地对待他们，她甚至不介意伤害他们，因为他们不会改变。

在第二个片段中，患者展现了她头脑中存在的分裂。她觉得，周围的人都因她的投射而生病，变成了迫害者，他们反过来又将疾病投射给她，使她生病。因此，她把全部的爱都倾注在书中的人物身上，这些人物变成了她的理想客体。但是，当她将疾病（坏的东西）投射到真实的人身上，同时将爱和理想品质投射给书中人物时，患者自己感到完全枯竭了。她缺乏情感或内涵，无论是好的还是坏的。为了抵抗这种枯竭，她必须阅读大量书籍，试图将这些理想客体纳入自己的内心，并重新获得自己投射到书中的部分。她还表明了为什么她的理想客体是书中的人物，而非真实的人物，因为前者更能满足她对作为理想客体的条件，它们不仅完美无缺、坚不可摧，而且完全顺从（"我可以随心所欲地对待他们。"）。

第三个片段：我通过一个简短的诠释指出了分裂和理想化。在诠释时，我做了一个表述："现在，你不得不把书中的那些人物放进你的内心。"当听到"内心"这个词时，患者的行为突然改变了，她表现得就像在经受着暴力性的内部迫害。她绞着双手，把身体抬起来，呻吟着，低声咕哝着，我只能听到"内心""痛苦""身体感觉""指甲痛"等字眼。我诠释道，她害怕我的话语进入她的内心，进而控制她，让她痛苦。她虽然没有反应，却展开了新一轮的联想。

第四个片段：她开始以一种生动的方式谈论她的过去，关于她从四岁起在寄宿学校非常美妙的经历。"无论你做了什么，对谁做了，这都不重要。"然后，她说在她两岁的时候，她和妈妈离开了爸爸[①]。她们将铁路和公路上的患者集合起来，并与他们一起被疏散。四岁时，她决定去寄宿学校，离开了父母。

当我提及她与父亲分离的话题时，她回应说："哦，那一点儿也不重要，我谁也不认识。"随后，她开始焦急地环顾房间。我说，她此刻正在寻找她的父亲，可能是因为她再次失去了父亲，就像她在两岁时失去他一样。她笑着说："现在失去爸爸？在伦敦？那不可能，一个人怎么会在没到过的地方丢失？如果我是在 × 地，我或许会对父亲有些感觉，但在伦敦我不会有任何感觉，我把父亲留在了 × 地。"我诠释道，她觉得把自己的一部分留在了那里，她将自己的记忆与自己分裂开来，把那些记忆留在了 × 地。然后，她非常大声地说："哦，是的，但还是有些东西跟在你周围，蠕虫、毛毛虫，还有些东西在梦里，或者在那些从橱柜跳出来的骷髅里。"[②]

---

① 事实上，在她两岁的时候，她就和母亲一起离开了。四岁的时候，她在就读的学校开始寄宿，而且显然是她自己坚持要求的。——编者注
② 这种无意识提及父亲的自杀，是典型的精神分裂性思维。——编者注

在这个片段中，患者呈现出对投射出去的疾病的再次内摄。她遗弃的父亲在她心中被分裂成成千上万的患者，她觉得最初必须带上他们，然后再将他们"疏散"。由于她的客体——父亲，她也展现了一些针对内疚和迫害的防御机制。例如，她在空间和时间上将自己分裂，每当离开一个地方，就将自己的某一部分留在那里。在×地死去的父亲，以及患者向父亲投射的那部分，被分裂出去，留在了×地，这样，顷刻之间她便感觉自己全能地消灭殆尽。但是，她立即承认了这一机制的失败：她觉得这个被摧毁的客体以及她试图抛弃的部分被分裂成小块，以蠕虫、毛毛虫等的形象跟随着她。

治疗的下一部分涉及她与妹妹的关系，我在此不再详述，因为它所遵循的模式与她和父亲的关系极为相似。在这次治疗即将结束时，她对自己的内心世界做了清晰的描述。

第五个片段："圣经里的那个人住在一座奇妙的城堡里，他收集了各种各样的珍宝，但是这座城堡被可怕的生物和害虫占领了，他被赶到一间小屋里。"我诠释道这是她对自己的感受：在她的内心世界里，她被驱逐出城堡，不得不居住在一间小屋里。她非常伤心，在治疗中首次清醒地说："是的，但他不应该做那些事，一开始就不应该这么做。"

在最后一个片段中，患者极其清晰地表达了她对内心世界的感受。她感到自己处于分裂状态，一部分的她钟爱那座城堡，那里满是财富、她的理想客体以及他们的好东西；而另一部分的她则是贫穷的，被害虫所占据。她觉得自己贪婪而妒忌地吞噬了美好的事物，通过这一过程，她感觉自己剥夺了他人所有的好东西，导致他们变得空虚和邪恶，从而转变成迫害她的害虫。她感到被这些害虫（治疗开始时的疾病）侵袭，被赶出了她梦中的城堡。在她的内心世界里，她不得不生活在一个分裂的、贫瘠的自我部分（小屋）中，她所体验到的只有贫穷和迫害。

参考文献

W. BION: *Second Thoughts* (Heinemann Medical Books, 1967).

H. ROSENFELD: "Notes on the Psycho-analysis of the Super-ego Conflict of an Acute Schizophrenic Patient," *Int. J. Psycho-Anal.*, vol. 33 (1952).

　New Directions in Psycho-analysis (Chapter 8).

HANNA SEGAL: "Depression in the Schizophrenic," *Int. J. Psycho-Anal.*, vol. 37 (1956).

第6章

抑郁心位

　　在阐述偏执－分裂心位时，我试图阐明：在发展的早期几个月里，婴儿是如何成功地协调焦虑，从而逐步构建起他的世界的。分裂、投射和内摄的过程有助于婴儿理清自己的认知和情绪，并区分开好的和坏的。婴儿便感觉自己面对着一个自己爱着的、试图拥有、保持和认同的理想客体，以及一个把自己的攻击冲动投射进去的坏客体，他认为攻击冲动对自己和理想客体都构成了威胁。

　　如果发展的条件有利，婴儿会逐渐感觉到他的理想客体和力比多冲动比坏客体和坏的冲动更强，他会越来越认同理想客体。由于这种认同，也由于生理的成长和自我的发展，他将更多地感到自我变得更强，更能够保护自己和理想客体。当婴儿感觉他的自我是强壮的，并安全地拥有了强有力的理想客体，他就不会那么恐惧自己的坏冲动，因此将它们投射到外面的驱力减少了。当坏冲动的投射减少时，赋予坏客体的力量也就随之减轻，而自我将变得更强壮，也更少地因为投射而使自我变得贫瘠。婴儿对自身死亡本能的耐受力增加了，偏执恐惧减少了，分裂和投射减少了，自我整合以及客体整合的驱力就能逐渐占据上风。

　　自出生伊始，婴儿便兼具整合与分裂的倾向，且在其整个成长历程中，即便是在最初的数月，他也会体验到或多或少完全整合的瞬间。然而，当整合过程逐渐变得更为稳定且持续时，一个新的发展阶段便应运而生——抑郁心位。

　　按照克莱因的定义，抑郁心位标志着婴儿开始认识到完整的客体，并将自己与之联系起来的发展阶段。这是婴儿成长过程中的一个关键转折点，即便是精神分析的门外汉也能清晰地辨识这一时刻。婴儿周围的人都能察觉到这一变化，并意识到这是他发展中的巨大一步。人们会注意到并指出，婴儿如今能够辨认出自己的母亲。不久之后，正如我们所知，他很快就会辨认出环境中的其他人，通常情况下，他会首先认出自己的父亲。当婴儿认出他的母亲时，这意味着他开始将她视为一个完整的客体。当我们说婴儿把母亲作为一个整体客体来认识时，这是相对于部分客体关系和分裂客体关系而言的。也就是说，婴儿不再仅仅与母亲的乳房、手、脸、眼睛等部分客体建立联系，而是更多地将她视为一个完整的人来建立联系。这个完整的人时而善良，时而恶劣；时而在场，时而缺席；时而令人爱，时而令人恨。他开始明白，好的和坏的体验并非分别来自好的和坏的乳房或母亲，而是都源自同一位母亲。将母亲作为一个完整的人来认识，对婴儿而言具有深远的意义，并为他开启了一个全新的体验世界。婴儿认识到他的母亲是一个整体，也意味着他意识到她拥有自己的生活，并与其他人有所联系。婴儿发现了自身的无助、自己对母亲的完全依赖，以及对其他人的嫉妒之情。

随着对客体感知的转变，自我也经历了根本性的变化。当母亲成为一个完整的客体时，婴儿的自我也随之成为一个整体，越来越少地分裂为好的部分和坏的部分。自我的整合与客体的整合是同步进行的。投射的减少以及自我更大程度的整合，意味着对客体感知的歪曲也相应减少，从而使坏的客体与理想客体更加接近。同时，将日益完整的客体内摄进来，也促进了自我的整合。这些心理变化既有助于、也得益于自我的生理成熟以及中枢神经系统的成熟，这使得不同心理区域的感知得以更好地组织起来，同时也促进了记忆的组织与发展。当母亲被视为一个完整的客体时，婴儿便能够更好地记住她。也就是说，在母亲似乎在剥夺他的时候，婴儿仍能记起先前的满足感；而在母亲满足他的时候，婴儿同样也能记起先前被剥夺的体验。随着这些整合过程的推进，婴儿越来越清晰地认识到，他所爱的和所恨的是同一个人——母亲。于是，他便面临着由自己的矛盾心理所带来的冲突。这种自我和客体整合状态的改变，使得婴儿焦虑的焦点也随之发生了变化。在偏执–分裂心位，主要的焦虑是自我会被坏客体摧毁；而在抑郁心位，焦虑则源于矛盾心理。婴儿最主要的焦虑是自己的破坏性冲动已经摧毁，或将要摧毁他所爱的且完全依赖的客体。

在抑郁心位中，内摄的过程得到增强，这在一定程度上是因为投射机制的减弱，另一方面也源于婴儿意识到自己对客体的依赖。客体在婴儿的感知中变得独立，随时可能离去，这加剧了婴儿占有的欲望，想要将客体留在身边，并尽可能保护客体免受自身攻击性伤害的需求。抑郁心位起始于发展的口欲期，在这一时期，爱与需求促使婴儿贪婪地摄取。口欲内摄机制所赋予的全能感带来了焦虑——婴儿担心自己强烈的破坏性冲动不仅会摧毁好的外部客体，还会摧毁好的内部客体。好的内部客体构成了婴儿自我及其内心世界的核心，因此，婴儿感受到焦虑，害怕自己会毁掉整个内部世界。

整合程度更高的婴儿，即使在恨着好客体的时候，也能记着并保有对好客体的爱。于是，他们便体验到在偏执－分裂心位中鲜少出现的全新情感：因感知到良好客体的丧失或被摧毁，婴儿陷入了哀伤与怀念之中，同时也萌生了内疚之感。这种典型的抑郁体验之所以产生，是因为婴儿觉得自己的破坏性导致了良好客体的丧失。在这一矛盾情绪的顶峰，他感受到了抑郁性的绝望。他仍记得自己曾经爱过，实际上也仍然爱着的母亲，但却感到自己已经吞噬或摧毁了她，使她不再存在于外部世界。

此外，婴儿觉得自己摧毁了作为内部客体的母亲，使其化为了碎片。婴儿与这个客体产生了认同，觉得自己的内心世界也随之支离破碎，因此体验到了强烈的丧失感，以及内疚感、怀念之情，还有想要重获客体却无能为力的无助感。由于对母亲坚定不移的爱，以及对母亲不断的内摄和认同，婴儿的痛苦不仅源自自身，还叠加了代母亲感知到的痛苦。受迫害的感觉进一步加深了婴儿的痛苦，其原因一方面在于，在抑郁情绪的顶峰时，婴儿会再次出现退行，此时恶劣的感觉会再次被投射，并与内在的迫害者产生认同；另一部分原因是，好客体变成了碎片，从而激发了婴儿强烈的丧失感和内疚感，好客体在一定程度上再次被体验为迫害者。

以下这个经典的梦境源自我的一位患者，她正遭受抑郁性绝望的威胁。她是一位躁郁症患者，在做这个梦时，她正处于既非抑郁也非躁狂的间歇期。梦的前一天发生了一件很明显的事情：她的经济困境威胁到了分析治疗的继续进行。她问我，如果她有一段时间无法支付费用，我还会继续为她治疗吗？鉴于她的困难似乎是一个非常现实的问题，我告诉她，我没有考虑过在这个时候结束治疗。

第二天治疗一开始，这位患者便抱怨我的候诊室太寒冷，她还首次觉得候诊室显得单调而沉闷，并且指责候诊室没有窗帘。在这些联想之后，她报告了一个梦，她说这是一个很简单的梦。她梦见了一片布满冰山的海洋，冰山随着一波波的海浪涌来，遮蔽了大海，看不见蓝色的大海本身，只有白色的巨冰随着海浪汹涌而至，一个接一个。在梦中，她敏锐地意识到这些冰山深藏于海底，她在海面上看到的白色冰山只是露出水面的一部分。她醒来后的第一个念头是，她担心自己很快就会再次陷入抑郁之中。她说，这个梦比以往的梦更清晰地展现了她抑郁的真实感受——就像是她被冰山牢牢地控制着，这些冰山填满了她的内在，使得她自己的个性荡然无存——她自己也变成了一座没有感情、没有温度的冰山。然后，她将这些冰山的联想与一首关于古代废弃船只的诗联系起来，那些船只看上去像睡着的天鹅。这也让她想起了老朋友 A 夫人的白色卷发，A 夫人以前对她很好，曾帮助过她，却被她忽视，这让她感到非常内疚和难过。

对于她的这些联想，我诠释道，冰冷的候诊室就如同她梦中寒冷的冰山一般。她一定感觉自己降低诊费或根本不付费的要求完全压垮了我，或让我变得一贫如洗——候诊室单调而沉闷，连窗帘都没有——实际上她"杀死了"我，使我变成了一座寒冷的冰山，这让她充满了内疚和迫害感。

接着，她又补充了一些联想。她突然意识到那些狂野的波浪形状酷似乳房，她认为它们就像死了的或冰冻的乳房，而且那些锯齿状的边缘很像牙齿。她还告诉我，前一天晚上，她在一个聚会上遇到了 A 夫人，她想给 A 夫人一杯茶，但 A 夫人却说不用了，她更喜欢咖啡。就在那一刻，患者在那一天第一次体验到了抑郁症复发的轻微预兆。她认为 A 夫人看上去冰冷且不满，然后她安慰自己说，A 夫人看起来很悲伤，也许是因为她女婿刚去世。

这些联想进一步阐释了这个梦的含义。首先，这些联想清晰地表明，在患者的无意识体验中，她对我在经济方面的要求，就像是在贪婪地、尖锐地、狼吞虎咽般地攻击我的乳房。此外，她清楚地表明，正是在这次攻击之后那种无法修复我（以 A 夫人为代表）的感觉，给她带来了抑郁感。她试图做出补偿，给 A 夫人一杯茶，但她的补偿被拒绝了——A 夫人更喜欢咖啡。患者分析中的其他材料让我们很清楚地看到，她觉得 A 夫人拒绝她的茶是因为她（患者）是一个女人，A 夫人想从她女婿那里得到一杯咖啡，这个女婿代表的是患者的弟弟。由于患者不是男性，她觉得自己不能对乳房做出补偿，在那一刻，她做出补偿的愿望和悲伤突然消失了，A 夫人被体验为一个迫害者：她变得冰冷且不满。在梦里，长着牙齿的冰山乳房代表着迫害的元素。在患者感觉她已经掏空了乳房并撕咬它之后，她现在感到一种空虚、冰冷、死寂，会咬人的乳房完全占据了自己，这摧毁了她的自我——在梦中，那蓝色的大海是看不见的。

抑郁体验激发了婴儿修复被破坏客体的渴望。他渴望弥补自己在全能幻想中造成的破坏，修复并重获失去的爱的客体，让这些客体重生，恢复完整。婴儿相信自己的破坏性攻击导致了客体的损坏，因此也坚信自己的爱与关怀能够抵消攻击性的影响。这种抑郁性冲突是婴儿的破坏性与爱、修复冲动之间持续的斗争。补偿的失败会带来绝望，而补偿的成功则会重新点燃希望。至于补偿的具体条件，我们之后将会详细阐述。在此，我想强调的是，抑郁性焦虑的逐步解决以及内外良好客体的恢复，可以通过婴儿在现实与全能幻想中对内外客体的修复来实现。

抑郁心位是婴儿发展过程中的关键阶段。随着抑郁心位的逐渐修通，婴儿对现实的认知将发生根本性的转变。当自我变得更加整合，投射作用减弱，婴儿开始意识到自己对外部客体的依赖，以及自身本能与目标之间的矛盾时，他将逐渐发现自己的心理现实。婴儿会逐渐意识到自我，认识到客体与自身是相互独立的。他开始意识到自己的冲动和幻想，并学会区分内心的幻想与外部的现实。他能够将自己的心理现实感与日益增长的外在现实感相联系，并开始将两者区分开来。

对现实的检验自婴儿出生伊始便已存在，他们通过"品味"自己的体验，将其归类为好或坏。然而，在抑郁心位中，这种现实检验变得更加成熟、富有意义，并与心理现实紧密相连。当婴儿更加充分地意识到自己的冲动（无论是好的还是坏的，他都觉得这些冲动是全能的），但对客体的关心促使他密切关注自己冲动和行为的影响，从而逐步检验自己冲动的力量以及客体恢复的能力。在有利的条件下，母亲缺席后的重新出现，以及她的关心和关注，会逐渐削弱婴儿对自己破坏性冲动全能感的信念。同样地，他那魔幻般的修复幻想的失败，也削弱了他关于自己爱的全能感的信念。随着自我的成长和发展，婴儿逐渐认识到自己的恨与爱的局限性，他发现了越来越多影响外部现实的真实方式。

同时，正是通过抑郁心位的发展与修通，婴儿的自我得以增强，这既得益于婴儿自身的成长，也归功于对良好客体的吸收——良好的客体被内摄进自我与超我之中。

一旦完成了这一发展步骤，婴儿便建立了与现实的联系。精神疾病的固着点位于偏执－分裂心位以及抑郁心位的起始阶段。当出现退行，退回到这些早期的发展固着点时，现实感便会丧失，个体便会发展出精神病性的问题。若个体曾达到过抑郁心位，并至少部分达到抑郁心位，那么他在后续发展中遇到的困难便不再是精神病性的，而是神经症性的。

随着抑郁心位的逐步修通，婴儿与客体的整体关系亦会随之发生改变。婴儿获得了一种能够作为一个独立的个体去爱他人、尊重他人的能力。他具备了承认自己冲动的能力，能够为这些冲动负责，并且能够承受自己的内疚感。个体发展出新的能力，能够关心自己的客体，这有助于他逐渐学会控制自己的冲动。

超我的性质也随之发生了改变。在偏执－分裂心位内摄的理想客体和迫害性客体构成了超我的首要根基。迫害性的客体被个体体验为具有惩罚性的存在，其行事风格也带有报复性和无情的特征。而自我渴望认同的理想客体则转变成了超我中的自我理想部分，由于其对完美的高要求，因而也常常带有迫害性。

在抑郁心位中，由于理想客体与迫害性客体之间的联系，超我变得更加整合，并被体验为一个内在完整、充满矛盾情感的被爱客体。对这一客体的伤害让婴儿感到内疚与自责。在抑郁心位的早期阶段，个体仍会觉得超我极为严厉且具有迫害性（正如那位重度抑郁患者梦中的长着牙齿的冰山），然而，随着整体客体关系的日益全面建立，超我可怕的一面逐渐消退，更趋近于那个善良、充满爱意的父母形象。这样的超我，不仅是内疚感的源泉，也是充满爱意的良好客体的源泉，在儿童的感受中，这个良好客体会有助于他抵御破坏性冲动。

在抑郁心位中所体验到的哀伤之苦，以及为了重建所爱的内外客体而发展出的修复驱力，构成了创造力与升华的基础。

这些修复活动既针对客体，也针对自我。其原因部分源于对客体的关怀与内疚，以及重建、保有客体并使其永恒的愿望；部分则出于自我保存的现实适应性考量。婴儿渴望重建已失去的客体，这种渴望激发了他将被撕碎之物拼凑起来、修复被摧毁之物、进行再造与创造的冲动。同时，他保有客体的愿望促使他在察觉自身冲动具有破坏性时，采取升华这一防御机制。因此，对客体的关怀修正了本能目标，带来了对本能驱力的一种抑制。随着自我的日益组织化和投射的减轻，压抑取代了分裂。精神病性防御机制逐渐让位于神经症性防御机制，例如抑制、压抑和置换。

此时，我们得以窥见象征形成的源头。为了保全客体，婴儿的本能一部分遭到抑制，另一部分则被转移到替代物上——这正是象征形成的起点。升华与象征形成的过程紧密相连，皆源于抑郁心位相关的冲突与焦虑。

弗洛伊德对心理学的卓越贡献之一，在于他发现升华是成功放弃本能目标的产物。我在此想强调的是，这种成功的放弃唯有通过哀悼的过程方能达成。这种对本能目标或客体的放弃，是对乳房的放弃的一种重现，也是一种重温。正如最初的情况，若要放弃的客体能够经由丧失与内部重建的过程，被吸纳进自我，那么这种放弃便是成功的。我认为，这样一个被吸纳的客体会成为自我内部的一个象征。在个体的成长历程中，每一个不得不放弃的客体的部分、每一个情境，都触发了象征的形成。

从这一视角来看，象征形成是丧失的产物，是一种蕴含着痛苦与整个哀悼过程的创造性成果。

若个体能够体验心理现实，并将其与外部现实区分开来，那么他便能辨别这些象征与客体。[①]这些象征便可被视为个体创造的产物，能够被自由地运用。[②]

随后，在抑郁心位，整体的思考氛围发生了转变。正是在这个阶段，联系与抽象的能力得以发展，构成了思考的基础，这些能力在成熟的自我中得以体现，与个体在偏执－分裂心位时那种不连贯、具体的思考特征形成了鲜明对比。

当婴儿历经反复的哀悼与补偿、丧失与修复的体验时，他不得不在内心重塑客体，而这些客体就成了他自身的一部分，丰富了他的自我。他更加确信自己有能力保留或修复好客体，同时，对自己爱与潜能的信心也随之增强。

---

① 这与"象征等同"形成对比，在"象征等同"中，象征与原始客体等同，从而导致具体思维。参见西格尔的《关于象征形成的笔记》(*Notes on Symbol Formation*)，收录于《国际精神分析杂志》。——编者注

② 另见西格尔的《对美学的精神分析贡献》(*A Psychoanalytic Contribution to Aesthetics*)，收录于《国际精神分析杂志》。——编者注

　　我想借助一位四岁小女孩安的分析材料，来阐释抑郁心位中发生的多方面整合。我所描述的这两节治疗，发生在复活节假期前夕，安的生日恰巧在假期期间。这个假期在某种程度上对安来说极具创伤性，因为上一个假期时她的治疗曾有一个不同寻常的长时间中断。她将这两个假期主要体验为出生幻想和早期口欲的剥夺。

　　在复活节前夕的一次分析中，她将柔软的白色垫子抱在胸前，一边吮吸着自己的拇指。此次治疗主要围绕她的一个疑虑展开：母亲是用母乳喂养她，还是从一开始就用奶瓶喂养她，而将乳房留给自己享用（实际上，安从出生起就是用奶瓶喂养的）。大约在假期前两周，她患了重感冒，不得不缺席几次治疗。当她返回时，很明显，她觉得自己杀死了我，毁掉了我——代表着那个剥夺了她母乳喂养权利的"坏母亲"。她觉得自己的感冒就像一个坏的、有毒的乳房在报复她。她试图彻底扭转局面——她因感冒归来，我就得成为一个生病的孩子，而她则成了喂我吃饭的妈妈。但作为喂我吃饭的妈妈，她对我很不好。我饿了，她却不喂我，不停地离开我去"看戏"，在我不太想洗澡的时候还给我洗澡。这既不能代替母亲的在场，也不能代替母亲的食物。她的控制欲也特别强，并很快表现出来。她对我的控制，是因为她觉得我作为一个依赖她、并被她剥夺的婴儿，一定是恨她的。尽管在扮演母亲的角色，她也经常吮吸拇指，紧紧抱着枕头——即使是去"看戏"也要带着。我向她诠释道，她认同了一个她妒忌的妈妈，因为这个妈妈总是把乳房留给自己享用。而且，虽然她拥有乳房，因而能把我放到被剥夺的婴儿的位置，但她仍然感觉自己是非常幼稚的，因为她只能像婴儿一样使用乳房，吸吮它、享用它。

即将到来的分离以及她对内在乳房的攻击，给她带来了抑郁性的焦虑。为了抵御这些焦虑，她采用了反转和投射性认同的机制。她将自己的婴儿部分投射给我，而通过内摄，她魔幻般地与我——母亲的形象——产生了认同。这种状况持续了数日，直到休假前四天的一次治疗接近尾声时，她请求我为她制作一只圆形的手表。这是自她感冒以来，她首次以某种方式承认我是成人，并寻求我的帮助。当我用纸制作了一只手表后，她又要求我在表上加上一条长链子。我询问她表针应指向几点时，她毫不犹豫地回答"七点"。当被问及原因时，她说这是"起床的时间"。因为在早上七点之前，她是不被允许进入父母卧室的。

我诠释道，手表主要象征着她的现实感；实际上，在她看来，我是一位拥有圆润乳房的母亲，这一形象由手表所表征，而她自己则是那个婴儿。我向她诠释道，在她的心中，我的假期就像一个漫长的夜晚，她不得不独自一人，而我——作为母亲——则与父亲一起远离了她。然而，七点代表着起床的时间，也象征着她渴望在假期结束后能够回来继续接受治疗。如果她拥有一只手表——拥有现实感，那就意味着她必须经历那个漫长的夜晚——也就是假期，并控制自己的冲动，不去打断它；但另一方面，手表也能帮助她知晓，我会回来，她将再次见到我，就像每天早上七点时她能够回到母亲身边一样。

在下一次治疗开始时，她再次将我视为一个生病的小女孩，把我放到床上，但随即又让我起床，并要求我再制作一只手表。她让我将表绘成淡蓝色，然后给它系上一根链子，还问我她是否可以将表带回家。在上一次治疗中，我没有理解这个链子的含义；如今我诠释道，她渴望内摄一个乳房——这个乳房象征着她曾经拥有的那些治疗，我把链子诠释为她想通过这种积极的内化，与我保持联系。随后，她让我制作了另一只几乎相同的手表，但要将其绘成黄色，且不加链子，然后她长时间地凝视着那两只手表。当我向她指出手表虽相似，但颜色不同时，她说它们是两个"一样的乳房"，但"装的是不同的东西"：一个装满了"色彩"，另一个却装满了"尿液"（分裂）。

此前，当她让我躺在沙发上当作病床时，不慎将一杯水洒在了沙发上，因此我诠释说道，一只手表象征着母亲那装满奶水的乳房，而另一只则代表着她因生气而装满"尿液"的乳房。我还提到，她不愿在黄色手表上装链子，是因为她不想吸收那个"坏的"、装满"尿液"的乳房。随后，她带着一抹顽皮的

微笑，拿出我前一天为她制作的手表，向我展示她用剪刀在其
上挖的一个大洞。于是，现在有了三个乳房的象征：一个装满
奶水的好乳房，一个装满"尿液"的坏乳房，以及一个原本完
好、但如今被她剪坏的中间乳房——前一天还完好的那只手表。
我向她诠释道，她不愿将链子系在黄色乳房上的另一个原因是，
她不想看到自己愤怒的行为——撕咬和撒尿，与乳房变坏之间
的关联。接着，她拿起蓝色和黄色的手表，用链子将它们连接
起来，挂在柜子的两个抽屉把手上，满意地注视着它们。我向
她诠释了好乳房和坏乳房是如何整合在一起的，因为她察觉到
了自己内心的矛盾情感。

此时，她对柜子下面的抽屉产生了兴趣，在钥匙孔里试着
插入一把钥匙，说道："我没有这把钥匙，能给我吗？"我向她
诠释道，最上面的抽屉象征着母亲的乳房，而最下面的抽屉则
代表着她的生殖器，她觉得自己无法拥有，因为那是父亲的领
地，只有他的钥匙——阴茎才能与之匹配。我告诉她，她在我
身上看到的不仅仅是一个好乳房或坏乳房，而是一个完整的人。
我的乳房是好是坏，取决于她对我的感受以及她认为自己对我
做了什么。她将我视为一个拥有完整身体的人，一个与父亲有
着生殖器联系的人，而她是无法介入这种关系的。

这段材料中有一个地方格外引人注目，那就是整合的各个
方面是如何紧密相连，以及这种整合是如何伴随着她现实感的

提升而发生的。对她投射性认同的诠释，使这个女孩能够重新获得她被剥夺的婴儿部分。通过再次成为婴儿，她重新体验了乳房的分裂（黄色和蓝色的手表），而我对这种分裂的诠释使她意识到自己的攻击性，乳房也被整合在一起（三只手表通过链子连接起来）。在好乳房和坏乳房整合之后，部分客体关系转变为整体客体关系，这不仅是好与坏的整合，也是部分客体与整体客体的整合，从而为俄狄浦斯情结奠定了基础。与此同时（也依赖于此），女孩也意识到了自己的矛盾心理和全能幻想。通过现实检验，她对这些幻想的全能信念得到了修正，这使她能够以现实的态度保持对我的看法——我会离开她去度假，但会在预定的时间回来。

抑郁心位永远无法彻底修通。与矛盾心理和内疚相关的焦虑，以及会引发抑郁体验的丧失情境，将会永远伴随着我们。成年生活中的外部好客体总是象征或包含着我们最初的内外好客体的某些方面。因此，生活中任何后续的丧失都会唤起对内部好客体丧失的焦虑，并且伴随着这种焦虑，还会唤起之前抑郁心位的所有焦虑。如果婴儿能够在抑郁心位相对安全地形成一个内部好客体，那么抑郁性焦虑的情境就不会致病，而是会促进一个富有成效的修通过程，使个体获得进一步的充实和创造力。

若抑郁心位未能得到充分的修通，个体对自我的爱与创造力的信念，以及修复内外良好客体的能力，尚未牢固确立，其发展便会极为不利。自我将不断被焦虑所困扰，忧虑彻底丧失良好的内在环境，自我变得贫瘠与虚弱，其与现实的联系也可能变得脆弱，且自我长期处于恐惧之中，有时这种威胁也会成为现实，即个体可能会退行至精神病性状态。

参考文献

MELANIE KLEIN: "Contribution to the Psycho-genesis of Manic-Depressive States," *Contributions to Psycho-analysis,* p. 282, Melanie Klein.

"Mourning and its Relationship to Manic-Depressive States," *Contributions to Psycho-analysis,* p. 311, Melanie Klein. *Int. J. Psycho-Anal.,* vol. 21 (1940).

"A Contribution to the Theory of Anxiety and Guilt," *Developments in Psycho-analysis* (Chapter 8), Melanie Klein and others. *Int. J. Psycho-Anal.,* vol. 29 (1948).

"Some Theoretical Conclusions regarding the Emotional Life of the Infant," *Developments in Psycho-analysis* (Chapter 6), Melanie Klein and others.

HANNA SEGAL: "Notes on Symbol Formation," *Int. J. Psycho-Anal.,* vol. 38 (1957).

"A Psychoanalytic Contribution to Aesthetics," *Int. J. Psycho-Anal.* (1952), *New Directions in Psychoanalysis* (Chapter 16).

第 7 章

躁狂防御

当婴儿感到自己已经彻底且不可挽回地毁坏了母亲及其乳房时，他会反复体验到沮丧甚至绝望，这种感受令人难以忍受。因此，婴儿的自我会动用一切可支配的防御手段来对抗这种状态。这些防御手段分为两大类：修复防御和躁狂防御①。如果婴儿可以通过调动修复愿望来解决抑郁性的焦虑，其自我将会获得进一步发展。

这并不是说躁狂防御的出现本身就是一种病理性现象，事实上，它在发展中起着重要且积极的作用。通过修复防御来解决抑郁是一个缓慢的过程，而自我需要很长时间才能获得足够的力量，从而对自己的修复能力产生信心。通常，个体只能通过躁狂防御来克服痛苦，这种防御手段能保护自我免于彻底绝望；当痛苦和威胁减轻时，躁狂防御可以逐渐让位于修复防御。然而，当躁狂防御过于强烈时，就会形成恶性循环，产生固着点，从而干扰未来的发展。

_____

① 在第 7 章中，我们将讨论修复是否可以被视为一种防御机制。——编者注

在抑郁心位中，躁狂防御的组织涵盖了那些已在偏执－分裂心位中存在的防御机制，如分裂、理想化、投射性认同和否认等。不同之处在于，这些防御机制在后期的运用是高度组织化的，与更为整合的自我状态相契合，且它们专门针对抑郁性焦虑和内疚的体验。这种体验基于一个事实，即自我与现实的关系已发展至一个新的阶段。婴儿意识到自己对母亲的依赖，认识到母亲的价值，并且伴随着这种依赖，他察觉到自己的矛盾心理。在与内外客体的关系中，他体验到强烈的害怕丧失、哀悼、难过和内疚等情感。

躁狂防御组织正是用来对抗整个体验的。由于抑郁心位与对客体的依赖感紧密相连，躁狂防御便针对所有依赖感，后者将被消除、否认或反转。由于抑郁性焦虑与矛盾心理相互关联，婴儿会通过重新分裂客体和自我来对抗这种矛盾心理。由于抑郁体验与对内部世界的认识相互联系，而在这个内部世界中存在着一个可能被自我冲动所毁坏的、极其宝贵的内部客体，因此，躁狂防御将被用于防御拥有一个内部世界或其中含有宝贵客体的所有体验，以及防御自我和客体关系中可能包含依赖、矛盾和内疚的方面。

从技术层面而言，躁狂防御至关重要，因为它们的主要作用在于阻碍个体对心理现实的体验。换言之，它们对抗的正是精神分析过程的整体目标，即促进个体的洞察力以及对心理现实的充分体验。通过重新唤醒并强化全能感，尤其是对客体的全能控制，对心理现实的否认得以维持。

个体与客体之间的躁狂关系，以情感三元组为特征——控制感、胜利感和蔑视感。这些情感与重视客体、依赖客体的抑郁性情感以及对丧失的恐惧和内疚感直接相关，同时也是在防御这些情感。控制感既是一种否认依赖的方式，也是一种强迫客体满足自我依赖需要的方式。由于客体是完全受控制的，所以在一定程度上可以依赖。胜利感是指个体否认客体的价值和关心，因为后者会带来抑郁性情感。胜利感与全能感有关，它包含两个重要层面。首先，它与抑郁心位对客体的原初攻击，以及击败客体后的胜利体验有关，尤其是这种攻击是由妒忌所驱动的时候；其次，胜利感会作为躁狂防御的一个部分得以加强，因为它使个体远离那些本会被唤起的抑郁性情感，比如思念、渴望和想念客体。对客体的蔑视再次直接否认了客体的价值，这在抑郁心位是非常重要的，它可以被用来防御丧失和内疚体验。一个被蔑视的客体就不值得对其内疚，而对这样一个客体的蔑视也成为进一步攻击它的理由。

我想通过一位患者在分析休假前呈现的一些材料，来诠释躁狂防御的运作，这种防御机制通常被用来对抗依赖体验以及丧失的威胁。患者担心我会过早地终止他的治疗，而这次休假似乎预示着分析的结束。在他的联想中，他频繁提及自己糟糕的喂养历史，他只接受了一两天的母乳喂养。他运用躁狂防御来对抗自己的焦虑。作为一名中年商人，他的生意通常都很成功，但当时他完成了一些特别成功的交易，他幻想着退休后到国外生活。在假期里，我去拜访他，受到了他的热情款待。在这个幻想之后不久，他报告了下面这个梦。

在前往酒吧的途中，他偶遇了 X 小姐，多年前他们曾有过一段短暂的婚外情。X 小姐显得颇为沮丧，显而易见，她有意与他重修旧好。他感到有些尴尬，内心略感愧疚，同时又不禁心动，他有一种强迫性的性欲，这种感觉常在他觉得不快乐或缺乏魅力的女性身上出现。

他的思绪首先飘向了自己的青春期，那时他在一家连锁店担任主管，他自信满满，乐于管理下属，尤其是女员工，他沉醉于那种权力带来的快感；在性方面，他极为随意，常常觉得女店员是主管们的天然猎物。X 小姐曾在乳品部工作，他过去总觉得乳品部的女孩格外迷人，她们身着一套漂亮的制服，看上去既纯净又令人敬畏，与她们共度良宵给了他一种特别的胜利感。当他回忆起这一切，他的内心充满了不安与焦虑，因为在分析过程中，他的性行为已经发生了完全的改变，他对过去的滥交行为有着诸多批判。X 小姐让他感到格外愧疚，因为他对待她的方式最为恶劣，他仅与她有过一两次亲密接触后，便将她抛弃了。

我诠释道，在乳品部工作的女孩象征着母乳喂养他的母亲，她仅喂过他一两次，而他与X小姐的关系则是他对母亲的报复。由于梦中的酒吧就位于我所住街道的拐角处，所以我进一步诠释道X小姐也代表了我，并且将这个梦与患者幻想在国外会见并招待我的情景联系起来。在想要招待我的背后，隐藏着一种愿望，既反转了这种依赖的局面——我变得贫穷潦倒、其貌不扬，并渴望与他重归于好，也包含了报复的意图。患者突然笑了起来，说他意识到了为什么X小姐会让他联想到Y小姐，Y小姐是在他生命中的另一个时期与他有过同样短暂外遇的一个女孩。与他的其他女朋友不同——她们通常都很高，很有魅力，而这两个人却都很矮，而且胸部硕大，这种组合让她们看起来很可笑。他认为也许对他来说，她们不过是一个与乳房相连的阴道。

随后，他想到她们如此矮小，必定意味着她们代表着他童年时期曾与之玩过性游戏的小表妹，比他小几岁。我诠释道，在他的幻想中，他将母亲的乳房归属于小女孩，这样便可以使自己免于体验到依赖以及潜在的丧失威胁。若他将乳房归属于小女孩，他便可以拥有、控制、惩罚并战胜它们，并且能够随意使用它们，而不必体验对它们的依赖。

我们从这些材料中可以看到，患者的躁狂防御是如何保护他免受抑郁的影响的。即将到来的分离可能让他体验到自己的依赖、矛盾心理和丧失，他便通过幻想来处理这些感受，即他幻想自己拥有表妹的乳房，表妹是他后来所有性客体的原型。他的爱、依赖和内疚的感觉以这种方式被完全否认，并通过贬低和分裂等防御机制来处理，他的小表妹被分裂为许多无关紧要的女友，随意地被他占有和抛弃。

胜利感是躁狂防御系统的一个主要特征，下面由另一位同样具有典型躁狂人格的患者所提供的材料便体现了这一点。

在分析的早期阶段，这位患者报告了两个梦。在第一个梦中，他在沙漠中的某个地方看到一些人用屠刀切肉吃，虽然看不清他们在吃什么，但能看到有很多尸体散落在地上，所以他怀疑他们在吃人肉。在同一天晚上的第二个梦中，他坐在办公室里老板的办公桌前，他觉得自己不像自己——自己变得身材庞大，肥胖且笨重，好像刚吃了一顿大餐。

患者将这两个梦联系起来之后，意识到自己就是那个吃人肉的食客。他一定是吃了他的老板——代表着他的父亲，这解释了他为何坐在老板的椅子上，感觉肥胖且笨重。这些梦阐释了弗洛伊德所说的"躁狂盛宴"，其中客体被吞噬，并且被认同，因此患者不会体验到丧失和内疚。在第一个梦中，内疚显然通过投射的方式被处理了。

　　数日后，患者报告了一个梦境，这个梦既展现了躁狂防御，也揭示了潜在的抑郁情境。理解这个梦有一个重要的背景，即患者拥有一个不快乐的童年。在他 18 个月大时，他的母亲抛弃了他的父亲，将他从欧洲大陆带到伦敦。在他的分析中，有诸多材料表明，他将这次分离的经历视为父亲的去世。一到伦敦，他的母亲便住进了医院，他在短时间内接连经历了父亲和母亲的"丧失"。

　　在报告梦境之前，他大笑了起来，费了好大一番力气才控制住笑声，继续讲述自己的梦。他说他在夜里做了一个非常滑稽的梦，梦中他在笑，醒来时也在笑，现在回想起来依然想笑。梦境如下：他在一家理发店里，有个叫乔的男人坐在椅子上，一只猴子正在帮他刮脸。猴子肤色黝黑，还戴着眼镜——这显得非常滑稽！他对猴子非常友好："这只小猴子太可爱了。"但他告诉猴子他家养了一只小猫，刮脸刮得更好。他担心这么说会伤及猴子的感情，他对此感到很抱歉，因为猴子很可爱，他并非有意让它不快。在梦的后半部分，他走进理发店的等候室，看到里面排了长队，有两个男人在大声抱怨，说这个国家的理发师不如欧洲大陆的理发师好，他们在那里不用排队，那里的工作进行得更快。

　　患者的第一个联想与那两个发牢骚的人有关，其中一位是喜剧作家，他创作的剧作极为搞笑。此时，患者再次被自己的笑声打断，他想起了那些滑稽可笑的喜剧。这位作家患有非常严重的周期性抑郁症，但这似乎并无大碍，因为每次发病时，他都会接受电休克疗法，之后便"完全恢复了"。另一位发牢骚的人是一位妇科医生，患者的一位朋友曾警告过他，称这位医生是"一个真正的屠夫"。患者自己将这个联想与之前屠夫的梦联系起来，在那个梦中，有些人手持屠刀。

神父乔是患者的一位朋友，在他们从欧洲大陆搬来后母亲生病期间，这位神父曾照顾了他一段时间。神父乔已经去世，患者表示他一直隐约地感到内疚，因为尽管他知道神父乔曾经很好地照顾过他，但在长大以后，当神父乔年老且病重时，他却从未与他联系过，也未曾去探望过他。

他将猴子与我联系起来，把小猫与他的女朋友基蒂联系在一起，基蒂时常与我竞争，为患者提供一些分析性诠释。在将我和猴子联系在一起时，他明显感到不安，他以一种屈尊俯就的方式向我保证，这并非对我的攻击，他之所以用这只猴子来象征我，是因为它真的很可爱。

理发店外排起的长队，以及由此在他心中油然而生的抱怨，使他不禁联想到自己时常挂在嘴边的抱怨。他常常将欧洲大陆上那种迅速且简短的精神分析，与英国这里漫长的等待名单以及漫长的精神分析过程进行对比。这时，他突然打断了自己，说昨晚他在东伦敦散步时，听到远处的警笛声。每当他听到警笛时，他都会感到非常难过、被触动，但却不知道为何如此。

我介绍了关于梦的主要联想，但并无意展示患者联想与分析师评论之间的相互作用。我所提供的材料呈现了患者所表现出的主要焦虑以及他所使用的防御机制。潜在的情境是神父乔已经去世，然而整个笑话以及梦中的滑稽色彩却使这一悲伤的情境发生了反转。理发店象征着一种内心的情境，在此情境中，患者感觉自己拥有一个已逝去、被他忽视且抛弃的父亲。分析工作是一个过程，在此过程中，我作为外部的父亲形象，试图让患者内心已死的父亲以及他的内心世界重新焕发生机。这种分析在梦中被嘲讽，即试图通过给死者刮脸来使其复活，这显得极为荒谬。分析师成了一只可笑的小猴子，他试图通过剃须刀让一个死者复活，即便是这样一件琐碎的工作，他也做得不如小猫出色。他完全否认了与内心死亡客体相关的抑郁和内疚感，同时也否认了他对外部父亲——分析师的依赖。实际上，这种依赖是巨大的，因为唯有分析师能够将他从绝望的内心境地中解救出来。通过将猴子描绘得渺小而滑稽，以及对小猫的嫉妒，这种依赖的情况被否认并反转了过来。

梦境的第一部分揭示了患者既否认了他对内心人物的爱、哀悼与内疚感，也否认了他对外部人物的依赖。梦中与排队相关的后续部分展现了患者所使用的进一步防御机制——尤其是分裂与投射性认同。那两个抱怨的男人象征着患者人格中被分裂并投射出去的部分，那位类似屠夫的外科医生代表着患者对父亲的谋杀，这一点在之前的梦中已经表现得十分清晰；而且，妇科医生象征着患者关于母亲的焦虑，这在后续的治疗中成为焦点。让患者联想到喜剧作家的另一个人，则代表了患者的深层抑郁及其躁狂性否认。事实上，患者认为他的梦和作家的喜剧作品一样可笑。他的人格中的两部分——憎恨和沮丧——都被投射出去，并被分裂开来；即使是以投射的方式，患者也不允许对父亲的仇恨与谋杀与由此产生的抑郁之间产生联系。此外，作家的抑郁也被否认——他"完全没事了"。然而，在梦的最后部分，否认有所减弱，因为"人们在抱怨不得不等待"。在诋毁、攻击与批评的背后，有一部分是患者对依赖的承认，以及他对两次分析治疗间隔的等待的愤怒，还有对等待分析机会时的持续怨恨。正当患者对梦的这一部分进行联想时，他突然想起了他听到的警报声。当梦中的抑郁内容与躁狂防御被诠释给他时，他的情绪完全改变了——他想起了警笛声，并将其与他在第一次旅行中听到的警报声联系起来，也与他父亲的分离联系起来——这被他体验为死。就在那时，他注意到了梦中提到了欧洲大陆。

在那节治疗结束时，他突然想起一件尚未报告的事。前一天晚上，也就是做梦的那晚，他的父亲突然生病，被送往医院接受手术，患者担心父亲可能无法挺过来。显然，梦中的笑话针对的是他父亲的病危，整个梦境是一种以躁狂方式处理潜在抑郁和焦虑的手段。

这个梦揭示了躁狂防御中存在的一些风险。显然，患者在抑郁心位所取得的整合被他对客体和自我的分裂所破坏。投射机制使他变得贫乏，整体客体关系受到威胁，"猴子"形象是非人的——这是向部分客体关系的退行。为了维持对抑郁性焦虑和内疚感的否认，他也必须否认自己对这个客体的关心，这导致了他对客体的再次攻击，他的父亲再次被战胜，并受到蔑视和嘲笑。

上述材料揭示了那种持续不断地对爱与依赖的原始客体发起新一轮攻击的冲动，是如何触发了躁狂防御中那独具特色的恶性循环。客体最初在抑郁心位以一种矛盾的方式受到攻击，当这种情况下的内疚和丧失变得难以忍受时，躁狂防御便开始活跃起来，随后以蔑视感、控制感和胜利感对待客体。修复活动无法开展，反复的攻击加剧了对客体的伤害以及报复性的反击，从而加深了抑郁性焦虑，也使潜在的抑郁情境愈发令人绝望，并更具迫害性。

有时，个体能够部分地保留对客体的某些关心，而躁狂机制的运作也可以是以修复为目的的，这种以躁狂方式进行的修复本身就呈现出一个非常特殊的问题。

参考文献

JOAN RIVIERE: "A Contribution to the Analysis of the Negative Therapeutic Reaction," *Int. J. Psycho-Anal.,* vol. 17 (1936).

"Magical Regeneration by Dancing," *Int. J. Psycho-Anal.,* vol. 11 (1936).

H. ROSENFELD: "On Drug Addiction," *Int. J. Psycho-Anal.,* vol. 41 (1960).

第 8 章

修复

当婴儿进入抑郁心位时，他所面对的感觉是自己已经全能地摧毁了母亲，失去母亲的内疚感和绝望唤醒了他想要修复和重建母亲的愿望，以便在外部和内部重新获得她。同样的修复愿望也会在与其他所爱的外部客体或内部客体的关系中产生。这种修复驱力带来了进一步的整合。爱与恨的冲突更加尖锐，这对控制破坏性以及修复和重建所造成的损害都是积极的。这种修复内部或外部良好客体的愿望和能力，正是自我在冲突和困境中保持爱和关系的能力的基础。这种根植于婴儿内心世界的愿望，期待修复和重建失去的幸福、失去的内部客体与和谐的内心世界，也是创造性活动的基础。

修复的幻想与活动缓解了抑郁心位的焦虑。反复经历丧失与重建客体的过程降低了婴儿抑郁性焦虑的强度。母亲在缺席（感觉如同死亡）后重新出现，以及环境持续提供的爱与关怀，使婴儿更能意识到外部客体的复原能力，他不再那么害怕自己幻想中对客体的攻击所造成的全能影响。他自身的成长以及对客体的修复增强了他对自身爱与修复内部客体能力的信任，即使面对外部客体的剥夺,他也能够保有内部的良好客体。这反过来又使婴儿更有能力体验剥夺,而不被仇恨所淹没。他自己的仇恨也变得不那么可怕,因为他越来越相信自己能够用爱来修复那些被仇恨摧毁的东西。婴儿反复体验丧失与修复(部分感觉是他自己的仇恨造成的破坏经由他的爱而重建),这使得良好客体逐渐被同化进自我,因为只要自我在内部修复和重建了客体,它就越来越被自我所拥有,可以被自我同化并促进其成长。因此,哀悼的过程强化了自我。伴随着这些情绪变化,真实外部活动中不断增长的技能与能力一再为自我的修复能力提供保证。随着修复驱力的增强,婴儿的现实检验能力也得到了提升。带着关心与焦虑的感受,婴儿观察着自己的幻想对外部客体产生的影响;作为修复过程的一个重要部分,婴儿学会了放弃对客体的全能控制,并接受客体的真实存在。

我将通过一个梦来阐释修复,特别是与内部客体关系的修复。这位患者是一位躁郁症患者,在经过数年的分析后,她感觉自己有了显著的进步,正在考虑结束分析。

她梦见自己正开车去上班,梦中因停电而感到一些焦虑,但她意识到自己有一个电量充足的手电筒。当她到达工作地点时,她等待一位医生出来协助她;然而,当医生出现时,他的一只手臂因骨折而悬吊着,无法提供帮助。她逐渐意识到,她需要完成的工作是挖掘一个巨大的万人坑。在小手电筒的微弱光线下，她开始独自挖掘，她逐渐意识到，并非所有埋在这座坟墓里的人都已死去。此外，令她深受鼓舞的是，那些还活着的人开始与她一同挖掘。在梦的结尾，有两件事给她留下了深刻的印象：首先，那些幸存者被救出，并成了她的帮手；其次，那些逝去的人现在可以脱离这座无名坟冢，他们的名字被刻在了墓碑上，这一点在梦中对她来说显得尤为重要。

在梦中的某个瞬间，她认为坟墓里的所有受害者都是女性。

关于万人坑，她联想到曾读过的一本关于华沙犹太集中营的书籍。在此，我们无法详述她所有的联想，因为这个联想有着漫长的历史。她的母亲有部分犹太血统，她在分析中表现出的无意识反犹太主义占据了相当大的比重。万人坑或尸体堆在她的梦中经常出现，通常可以将其与她在俄狄浦斯情境中对母亲和我的凶残攻击相联系。这位手臂骨折的医生与她目前的生活有许多关联，但主要代表了在早期俄狄浦斯时期被她"阉割"的父亲，因此，他也无法帮助她修复母亲。停电象征着治疗的终止，在她的联想中，手电筒代表着她在分析中获得的洞察力。

简而言之，这个梦象征着她的抑郁性焦虑正逐步得到缓解。她在梦中使用小手电筒工作，这表明她正独自勇敢地面对那些引发抑郁的情境，独自直面她对母亲以及所有母亲象征的凶残攻击，正是这些攻击造成了她内心的"万人坑"般的无名抑郁，而当时她甚至并不清楚自己究竟在哀悼什么。梦中的哀悼工作，实则是她努力去拯救和修复那些可救之人。她所修复的客体随即化作助力者，这说明那些先被她摧毁后又得以修复的客体被她同化，并进而强化了她的自我。

　　然而，也并非所有被摧毁之物都能重获新生，她还必须直面客体真正的死亡，例如她众多已故的亲属，以及那些她感知到的已无法挽回的伤害。其中最为关键的一点是，每一种情况、每一个人都必须得到恰如其分的命名与安葬，即必须获得认可并毫无保留地哀悼，而非迷失于那"万人坑"之中。只有在得到安葬之后，他们才能被真正地放下，而非以一种魔幻的方式继续存活于她的内心，如此一来，患者的力比多才能摆脱对他们的执着。

　　尽管如此，在梦中却有一个不祥的因素暗示着躁狂组织仍然活跃，那便是患者坚持必须"独自完成"这一任务。这既反映了她对独立于分析过程的渴望，也彰显了她对自己全能性的执着坚守。在梦里，父亲的形象依旧处于被阉割的状态，被禁止给予任何援助。在缺乏父亲任何助力的情况下，母亲的修复工作将完全由患者自己承担，这清晰地表明，患者在与俄狄浦斯情境相关的方面仍面临着诸多困难，而这些困难的解决需要借助父母双方的共同修复之力。

正如我在第 7 章中所提及的，修复本身或许可被视为躁狂防御机制的一部分，即个体试图以一种躁狂且全能的姿态去修复客体，从而使其能够部分地作为关心的对象。然而，非躁狂修复与躁狂修复在诸多关键方面存在着显著差异。适当的修复几乎不能被视作一种防御，因为它既建立在对精神现实的深刻认知之上，也建立在对精神现实所带来的痛苦体验的基础之上。个体能够据此采取恰当的行动来缓解这些痛苦，无论是通过幻想还是现实的途径。实际上，这恰恰是防御的对立面，它是自我成长以及适应现实的关键机制。

躁狂修复作为一种防御手段，其核心目的在于以一种无须体验内疚与丧失的方式来修复客体。躁狂修复的一个关键特征便是对内疚感的否认，这使得修复过程只能在特定条件下得以完成。首先，原初客体或内部客体是无法通过躁狂方式来修复的，能够被修复的仅是一些相对遥远的客体；其次，个体绝不会认为是自己损坏了所修复的客体；再次，个体必须将客体视为低级的、依赖的，从深层心理层面来说，甚至是可鄙的。个体无法对自身修复的客体产生真正的爱或尊重，因为这将构成一种威胁，导致真正的抑郁情绪卷土重来。躁狂修复永远无法真正实现对客体的修复，因为一旦实现，完全修复的客体将重新变得值得珍视和尊重，并且不再受患者全能的控制与蔑视。当客体被彻底修复，恢复独立并重获价值时，它便会再次遭受患者仇恨与蔑视的攻击。

由于这些特定条件的存在，躁狂修复实际上并不能真正缓解其试图减轻的潜在内疚感，也无法带来持久的满足感。被修复的客体在无意识中，有时甚至是有意识地会受到仇恨与蔑视。他们常常被视作忘恩负义之人，至少在无意识层面，还被当作潜在的迫害者看待。

我们有时能在慈善机构中观察到这种躁狂修复的体现。例如，某些机构的掌权者会认为自己是在将慈善与补偿施予那些不值得且忘恩负义的人，他们觉得这些人本质上是卑劣且危险的。

我想借助一位四岁患者安的案例，来展现从躁狂修复向真正修复的渐进转变过程。我所描述的治疗场景发生在暑假前夕，彼时安格外关注她对我发起的攻击以及修复的需求。对她而言，我外出度假象征着父母的性交以及母亲的怀孕。在她的游戏中，颜料盒主要象征着母亲的乳房，而我用来放置她玩具的抽屉，则代表着她母亲那满载婴儿的身体。在接下来要描述的两次治疗之前的数日里，安对颜料盒发起了猛烈的攻击，她用刀子将颜料挖出，将它们混合在一起，再溶解于水中。随后，她用这脏兮兮的颜料水"淹死"了抽屉里的小玩具。

我向她诠释道，这主要象征着她用牙齿和钉子攻击母亲的乳房，在乳房上凿洞，将其破坏，并将弄得一团糟的乳汁转化为尿液和粪便，以此来攻击母亲的身体，毁坏并淹死新生的婴儿。此次攻击的根源在于假期带来的剥夺感，以及她的嫉妒与妒忌之情，她幻想着我（代表着她的母亲）会离她而去，去进行性交，并生下更多的孩子。

这种攻击性情境的一个显著表现便是安对语言的攻击。她要么将我的话语淹没在尖叫与歌唱之中，要么大声喊叫，无意义地重复话语，将其拆解成音节，或是大喊"废话，废话，废话"。我将这种对我语言的攻击解读为对母亲乳房的撕咬，有时则是对父母性交的攻击，而她的尖叫与喊叫"废话"就如同有害排泄物一般，不断地向我抛来。

在这次治疗的尾声，她让我画一个小女孩，并说这小女孩就是她自己。她要为小女孩的屁股上色，于是，她将一大块棕色颜料涂抹在小女孩的双腿之间。我诠释道，这是她用食物制作的粪便。随即，她又在小女孩的头部涂抹了相似的一块。因此，我向她诠释道，这是当她对我心生怨恨时在脑海中对我话语的处理方式，与她在肚子里对母亲食物的处理如出一辙。她对此表示认同——她说"废话，废话"实际上就是"噗噗噗"（她用来指代粪便的婴儿语）。

　　在下一节治疗中，躁狂修复占据了主导地位。她走进房间，径直走向她的颜料盒子，却发现它已经无法使用。她问我是否给她买了一个新的盒子，当我告诉她没有买时，她便将颜料盒子拿到滴水板上，说道："你必须尽快把它修好，让它恢复到以前的样子。"接着，她拿来了一些白色的胶粉，想要将一些胶粉放入装颜料的方块里，但很快发现这并不容易做到，于是她说："你得帮我做，一定要快，然后我就会唱一首歌。"

　　我在方块里放入了白色粉末和少许水，再将剩余的颜料涂抹在粉末上。她双脚不停地来回跳跃，大声唱着："悠着点儿，放松点儿，让我们开始忙起来吧。"她的兴奋情绪愈发高涨，催促我加快速度。我对此诠释道："她想要用魔法来完成这件事。"她欣然接受了这一诠释，并表示她的歌声就是咒语，魔法会很快起效。

　　我想强调的是，修复过程充满了神奇且迅速，其目的是让颜料盒恢复到"以前的样子"的状态。这背后的原因在于，她否认了内疚与丧失的存在；修复过程如此之快且彻底，以至于安没有时间去哀悼或感到内疚。显然，我对这个盒子的修复并不具备那种魔幻色彩，无法满足她的这些需求。在相对缓慢的修复过程中，她数次中断歌声，假装去睡觉，希望醒来后不要看到那毁坏的颜料盒。她幻想着一觉醒来，一切都能奇迹般地修复好。然而，她的焦虑与不耐烦却使她难以入眠，每隔几分钟，她就会跑到滴水板旁偷偷查看颜料盒。

在兴奋的表象之下，她的情绪愈发愤怒。她一次次地从我手中夺过盒子，以为自己能够更快地完成修复。随后，她对着盒子发脾气，将所有已完成的部分都清洗掉，再把盒子还给我。由于我修复的速度未能达到她的期望，她对我大发雷霆。在整个过程中，她掌控着我，愤怒地对我大喊大叫。

她对颜料盒的愤怒，实际上是对受攻击的原初客体——母亲乳房的一种投射。由于无法迅速修复颜料盒，她陷入了一种痛苦的丧失感与内疚感之中，进而引发了更多的恨意。她与我的关系颇为复杂。首先，她渴望否认对我的依赖，希望通过自己的"魔法"来修复颜料盒。然而，她不得不向我寻求帮助，但在我身上，她仅仅看到了一个完全受她控制的部分客体。在我看来，我仿佛只是作为部分客体的阴茎存在，妄企图借助这个阴茎以一种魔幻的方式帮助她复原母亲的形象，但前提是这个阴茎必须完全服从她的掌控。随着过程的推进，她对这个阴茎的恨意愈发强烈，因为这个阴茎并不受她的控制，无法按照她所期望的方式为她所用。此外，这个颜料盒以及我自身，都愈发让她感受到一种迫害感。她赋予了我魔力，却因为我没有按照她所期望的方式修复颜料盒而心生不满，这或许源于她认为我在报复她对我的无情控制。

在这次治疗过程中，她对我话语的攻击愈发激烈。这并不难理解，因为我的发言和诠释让安感受到，作为一个完整独立的个体，我拥有自己的主张、思维和想法，她可以在这个个体的协助下产生依赖。然而，安却希望我只是个完全受她控制的部分客体。此外，我的诠释将安的修复活动与她之前破坏盒子的行为相联系，这迫使她不得不面对她一直试图回避的事实——需要修复的内容正是她先前攻击行为的后果。由于她的修复行为本质上是为了否认这一事实，因此我的诠释并未被视为一种帮助，反而被看作对她那魔幻般修复活动的不断干扰。不过，随着时间的推移，她逐渐平静下来，最终能够完整地接受一个诠释，在这个诠释中，我尝试将她目前的活动和感受与前一次治疗以及即将到来的假期联系起来。

在接下来的那次治疗中，呈现出了一种截然不同的情绪变化，躁狂机制逐渐消退，真正的修复开始显现。她一进入房间，便径直走向颜料盒，打开盒子后，她叹了口气，说道："它就这么坏了，真是可惜啊。"随后，她转身对我说："让我们一起试着把它修好吧。"这一次，她不再要求速度，也不再坚持整个修复过程的完整性，更不强求盒子恢复到以前的样子。有了白色的粉末、水，再加上剩余的一点颜料，我和她共同制作出了足够的颜料，能让颜料盒再使用一天。之后，她走到桌子前，要了一张纸，开始画房子。由于她还无法独自画出一座完整的房子，于是她请我帮忙。她还向我要了蜡笔，以弥补颜料的不足。
就这样，她用蜡笔和颜料画出了一座房子。她说那是一座漂亮
的房子，接着她让我围绕着它，画出另一座更大房子的轮廓。
我问她，是否认为大房子里的小房子象征着她自己在母亲的身
体里。然而，安指给我看小房子的尖顶，她很肯定地说，这座
房子代表着妈妈体内的爸爸。随后，我向她诠释道，修复颜料
盒象征着修复妈妈的身体，为了使妈妈恢复健康，她认为需要
爸爸（即我）的协助。妈妈房子里的爸爸房子代表着被修复的
妈妈和爸爸，他们相互修复，爸爸让妈妈变得更好，赋予了她
一些新的宝宝。接着，她把那张纸翻了过来，给我看背面覆盖
着一层棕色颜料，这是她刚才随意涂抹在桌子上的，她说："又
是一堆烂摊子了。"我诠释道，一旦她让爸爸和妈妈在一起，让
爸爸进入妈妈的身体，使妈妈变得更好，她就会再次感到嫉妒，
想要把他们搞得一团糟。她向我索要更多的蜡笔，想要画出更
多的房子。在我们一同绘制房子的过程中，她好几次不慎将纸
片和木屑掉落在我衣服上，而每次她都会小心翼翼地清理干净。
每当这时，她都会半开玩笑地说："哦，亲爱的，我又犯错了，
我们得一次又一次地做清洁工作。"这样一来，她便给了我一个
机会，让我能够直接诠释在移情中她对我的反复攻击，以及若
她希望我继续成为她的好分析师，她所面临的修复任务。过了
一段时间，她画出了一个图案，让我帮她命名其中的颜色，随
后她努力尝试记住这些名字。于是，我向她诠释道，我是安所

需要的那位父亲,安借助我来修复她内心的那位母亲,并为她的内心世界带来秩序。她之所以让我帮她命名颜色,是因为她承认我能够为她提供真正的帮助,即命名她内心的不同感受,协助她去认识它们、区分它们,从而使她感觉更能掌控它们。

我们可以清晰地看到,这节治疗与前一节治疗呈现出截然不同的风貌。在这次治疗中,安对颜料盒(象征着母亲)的修复表现出了关心,并且接受了分析师(象征着她的父亲)的协助。然而,在上一节治疗里,修复过程充满了魔幻色彩,是基于对内疚和关心的彻底否认,并且包含着一种无情地对待作为修复对象的母亲以及作为部分客体的父亲的态度。而在本节治疗中,她的修复行为则是内疚和丧失体验的结果。她开始意识到颜料盒损坏是一件令人惋惜的事情,随着这一认知的转变,她对我的态度也随之发生了变化。她接纳了我(父亲)作为一个完整的个体,这个父亲对她和她的母亲进行了修复,并且协助她尽其所能地完成了这样的修复工作。这标志着她承认自己对父母的需要与依赖,她也认识到修复双亲的必要性,以及在修复过程中她需要他们的帮助。与此同时,她不仅承认了自己过去发起的攻击,也承认了自己当前仍在持续的攻击行为。当父母被允许以两所房子相连的方式呈现时,她又发起了新的攻击。随着对自己嫉妒和攻击性这一精神现实的承认,她认识到了修复任务的艰巨性。在她将木屑扔到我身上,随后又帮我清理干净的游戏中，她意识到与自己攻击性的斗争将是一个持续的过程，不可能一劳永逸地取得胜利。同时，她也意识到对精神现实的理解是大有裨益的。这里有一个完整的领悟，即分析师的帮助并非在于提供新的颜料、纸张等物质，而在于"命名"，"命名"使她能够梳理自己的感受和冲动，以及她与外部人物和内部人物之间的关系。安在这两节治疗之间所取得的进步至关重要，因为这使她至少暂时能够摒弃对分析工作的魔幻式使用，转而选择一种更现实、更具洞察力的方式。

颇为有趣的是，无论是成年患者的梦境，还是小女孩的案例，都将"命名"视为修复过程中的关键要素。在这两个案例中，"命名"象征着对现实的接纳，这是实现真正修复的基础，而在躁狂修复中，这一要素却是缺失的。接纳精神现实意味着患者放弃了全能魔法的幻想、减少了分裂心理以及撤回了投射性认同。这同样表明患者能够接受分离的概念，即能够区分自己与父母，并且正视由此产生的相关冲突。作为修复环节的一部分，它还意味着患者接受了这样的现实：客体是自由的，客体之间可以相互爱恋和修复，而不一定非要依赖患者。当修复作为躁狂防御机制的一部分来对抗抑郁性焦虑时，上述所有或大部分要素往往是缺失的。

参考文献

MELANIE KLEIN: "Infantile Anxiety Situations reflected in a Work of Art and in the Creative Impulse," *Contributions to Psycho-analysis,* p. 223, Melanie Klein, *Int. J. Psycho-Anal.,* vol. 10 (1931).

"Contributions to the Psycho-genesis of Manic-Depressive States," *Contributions to Psycho-analysis*, p. 282, Melanie Klein.

"Mourning and its Relationship to Manic-Depressive States," *Contributions to Psycho-analysis,* p. 311, Melanie Klein. *Int. J. Psycho-Anal.,* vol. 21 (1940).

"A Contribution to the Theory of Anxiety and Guilt," *Developments in Psycho-analysis* (Chapter 8), Melanie Klein and others. *Int. J. Psycho-Anal.,* vol. 29 (1948).

"Some Theoretical Conclusions regarding the Emotional Life of the Infant," *Developments in Psycho-analysis* (Chapter 6), Melanie Klein and others.

HANNA SEGAL: "A Psycho-analytic Approach to Aesthetics," *New Directions in Psycho-analysis* (Chapter 16), Melanie Klein and others. *Int. J. Psycho-Anal.,* vol. 33 (1952).

"Notes on Symbol Formation," *Int. J. Psycho-Anal.,* vol. 38 (1957).

JOAN RIVIERE: "A Contribution to the Analysis of the Negative Therapeutic Reaction," *Int. J. Psycho-Anal.,* vol. 17 (1936).

"Magical Regeneration by Dancing," *Int. J. Psycho-Anal.,* vol. 11 (1930).

H. ROSENFELD: "On Drug Addiction," *Int. J. Psycho-Anal.,* vol. 41 (1960).

第 9 章

俄狄浦斯情结的早期阶段

　　在克莱因对抑郁心位的定义中，隐含着一个观点，即俄狄浦斯情结的发展起始于这一阶段，二者构成了一个不可分割的整体。当婴儿开始将母亲视为一个完整的客体时，婴儿与母亲之间的关系以及婴儿对整个世界的认知都将发生改变。此时，婴儿能够将他人视为独立的个体，并且意识到这些个体彼此之间存在着联系；尤其是，婴儿能够洞察到父亲与母亲之间存在着一种重要的联系，这为俄狄浦斯情结的进一步发展搭建了舞台。然而，婴儿对人际关系的看法与成年人（或年龄较大的儿童）存在着显著差异。婴儿的感知受到投射机制的深刻影响，当察觉到父母之间存在着一种力比多联结时，婴儿会将自己的力比多欲望和攻击性欲望投射到父母身上。在自身强大冲动的驱使下，婴儿会幻想父母几乎在不间断地进行性交，性交的性质也会随着他冲动的波动而不断变化。依据他投射到父母身上的冲动的广泛程度，婴儿会幻想父母通过性交获得口腔、尿道、肛门或生殖器等方面的满足。在这种情况下，婴儿是根据自己的投射来感知父母的，这使得他产生了强烈的被剥夺感、妒忌和嫉妒的感觉，因为他认为父母在不断地为对方提供满足，而这种满足恰恰是婴儿自己渴望获得的。

儿童会借助增强自身的攻击性情感以及无意识幻想来应对这一情境。在幻想之中，儿童运用所有他所能掌控的侵略手段对父母发起攻击，同时，在幻想里他感受到父母已被摧毁。由于在这一发展阶段内摄作用极为活跃，那些遭受攻击与摧毁的父母形象会迅速被儿童内摄，并被视作其内心世界的一个组成部分。换言之，在抑郁心位的情境下，婴儿不仅要应对被毁坏的内在乳房和母亲，还要处理早期俄狄浦斯情境中内在被毁坏的父母伴侣。

以下是一个重度抑郁患者的梦例，用以说明其早期俄狄浦斯情结。当时她的主要症状表现为：内心感觉死气沉沉，难以接受事物——尤其是她的精神分析治疗，她还感觉全身僵硬，毫无活力。有一天，她接连做了三个梦。

第一个梦是她梦见自己在品尝樱桃果酱，嘴里含着樱桃，流着樱桃汁。她觉得自己好像咬到了某种会流血的东西。她认为这都是 X 医生的过错。

关于这位医生的联想，源于患者前天晚上与 P 小姐共进晚餐的经历。P 小姐向她透露，Y 医生邀请她在其医院进行了一系列心理学演讲。对此，患者并未产生嫉妒之情。X 医生是一位年轻人，患者在陷入抑郁之前便对他心生爱慕，并对其妻子怀有强烈的嫉妒之心。P小姐在患者生活中扮演着极为重要的角色，通常代表着分析师和母亲的积极一面。即便患者深陷抑郁，她仍能忍受与P小姐的会面，尽管她感觉自己无法与P小姐建立起真正的联系，也无法"从她身上得到任何东西"。在做这个梦的前一天晚上，尽管P小姐准备的晚餐十分美味，但患者却毫无食欲。她关于梦的第二次联想将Y医生与X医生联系在一起，并把P小姐的演讲与我在学院的演讲相互关联。然而，在梦中给她留下最深刻印象的是那些被咬掉且流血的东西，她觉得仿佛是自己将P小姐的晚餐转化成了那些东西。随着联想的持续深入，有一点愈发清晰，即P小姐在患者的心中代表着我和母亲的形象，而晚餐则象征着乳房。一旦提及Y医生，便会激起患者内心深处一种强烈的无意识俄狄浦斯式嫉妒情绪，她感觉自己仿佛用牙齿攻击了乳房，将其变成了樱桃果酱所象征的流血之物。

第二个梦是这样的：她正在用一个精致的小碗吃粥，碗上绘有几只白色小鸟的图案。然而，当她开始进食时，却感到一阵恶心和恐惧，因为她发现粥中有三样东西割伤了她的嘴唇，还卡在了她的喉咙里。这三样物品分别是一个破碎的小十字架、一个破旧的钱包和一个带钩的笼子。

碗上的小鸟图案使她联想到我的名字。至于那三件物品，在经历了一番阻抗之后，她将十字架与自己的固执联系在了一起，将钱包与阴道联系在了一起，这不禁让我提出一个假设：带钩子的笼子象征着包含阴茎的阴道。

这个梦进一步引出了她"无法接受"的主题，这与她在面对俄狄浦斯情境时对乳房的困惑密切相关。这碗粥再次象征着乳房，但对于她而言，这个乳房里似乎充斥着父母的性器官，仿佛性交是在乳房内部发生的。在她看来，性交是一种极其恶劣的行为，父母的生殖器碎片不仅遭受了损坏（如破钱包、破碎的十字架），而且带有强烈的复仇心理且充满破坏性。与第一个梦相似，她面临着同样的困境，即俄狄浦斯式焦虑似乎阻碍了她从母亲以及类似母亲的人物那里获取有益的滋养。

这两个梦境揭示了患者与乳房的关系以及这一关系如何与俄狄浦斯问题相互作用——俄狄浦斯式的妒忌与嫉妒情绪的爆发，使得患者对乳房的攻击性增强，进而导致她在进食方面受到抑制，抑郁情绪也随之加深。另一方面，其他资料也表明，她与乳房之间的矛盾关系加剧了俄狄浦斯情结的困境，因为乳房－母亲的形象从未在患者内心被充分确立为一个值得认同的好客体。

在同一个夜晚所做的第三个梦中，触及了她抑郁情绪的另一个侧面——僵硬与死寂之感。梦中，她参加了一场花园聚会，目睹一名男子前往妓院寻欢作乐。随后，在一处宛如秘密花园的地方，她看到两只鸟喙对喙，却处于僵硬状态，因为它们的喙被第三只鸟的喙刺穿。这两只鸟是白色的，她已不记得那刺穿它们的第三只鸟的颜色，但她推测它应该是黑色的。关于这个梦的联想，她想到了格雷厄姆·格林（Graham Green）的小说《恋情的终结》（*The End of the Affair*），在这部作品中，一场爱情以自杀告终。正是在这本书里出现了寻欢作乐的表述，这让她联想到一种堕落的性交方式；至于那两只鸟，她再次联想到我的名字。

这个梦蕴含着诸多背景信息。患者过往的分析时间安排在晚上，原因是她自身有紧急事务需要处理，而我白天又没有空余时间可供安排。直至前一个星期，我才将她的晚上分析时间调整为更为常规的白天时段。她向我提及，想到如今我能与丈夫在花园中共度夜晚时光，她内心感到十分欣喜。梦中的秘密花园，实则指的是她童年时期阅读过的一本书，这本书在她的分析过程中被频繁提及。当她心境较为乐观时，她感觉自己内心深处藏有一个秘密花园，园中万物皆美且生机盎然，只要她能够踏入那片花园，她便能恢复健康。然而，这个梦让她备感沮丧的是，她在梦中找到了那个秘密花园，却发现园中的鸟儿并非鲜活灵动，而是处于僵硬状态。

这个梦象征着她对我以及我丈夫（在俄狄浦斯情境中代表

着父母）的攻击。我与丈夫在花园中度过夜晚的时光，在她的梦中幻化为一场花园聚会，我们的性生活被扭曲成一段龌龊的恋情，我丈夫去妓院寻欢作乐，最终走向了自杀的结局。而秘密花园则是对这一情境的一种反转呈现，在秘密花园里，她将正在性交的父母形象融合在一起——那两只喙对喙的白色的鸟儿，使它们陷入僵硬状态，无法继续性交。秘密花园映射出她的内心世界，尤其是她的生殖器，在那里，她将僵硬的父母形象内化其中，为了与他们达成认同，她自身也必须变得冷漠而静止。在现实情境中，她既无法向父亲寻求帮助，因为他已沦为一个糟糕的性伴侣；也无法向母亲求助，因为她觉得母亲的乳房在俄狄浦斯式的竞争中已被摧毁殆尽。

这个梦相较于前两个梦，蕴含了更为显著的生殖器元素，然而，它同样具备早期俄狄浦斯情结的全部特征。她以一种典型的抑郁心位的方式对待父母双方：以矛盾的态度对他们发起攻击，将他们内摄至内部世界，并在一定程度上与他们产生认同。父母双方的僵硬状态，以及她对这种僵硬状态父母的理想化处理，实则是一种躁狂防御机制。

当然，个体为了抵御那些包含剥夺、嫉妒、妒忌以及攻击性的情境，以及由此引发的抑郁情绪，会启动我所描述的与偏执－分裂心位和抑郁心位相关的防御方式。患者可能会运用多种多样的否认、分裂和理想化等防御机制。患者可能会将父母分割为好的、无性交的父母形象和坏的、充满性欲的父母形象，父母双方之间也可能出现分裂，即一方被患者理想化，而另一方则被感知为迫害者。这种最后的分裂形式可能与性器期的俄狄浦斯情境颇为相似，但存在两点区别：一是对渴望的父母一方存在着极端的理想化倾向；二是对竞争性的父母一方怀有极端的仇恨以及受迫害的体验。而且，由于理想化和迫害性特质的极端性，理想化客体与迫害者的角色通常会迅速发生转换。

在早期的俄狄浦斯情结中，对结合父母的无意识幻想扮演着至关重要的角色。最初，当这种幻想浮现时，婴儿虽然已经意识到母亲是一个完整的客体，但他还无法完全区分父亲与母亲；在他的幻想里，阴茎（或父亲）仿佛是母亲身体的一部分。对母亲的理想化促使婴儿将她视为一个包容所有渴望之物（乳房、婴儿、阴茎）的容器，而带有妒忌的攻击和投射则将这一角色转变成了一个具有威胁性的迫害者形象。

当儿童能够更加完整地将父母区分开来时，他们的性行为便会激发儿童的嫉妒与妒忌情绪。作为一种防御机制，儿童可能会退行至对结合父母的无意识幻想之中。他借助全能幻想来否认父母之间的关系，将后者重新构想为一个结合父母的形象。与此同时，儿童因目睹父母性交而激发的攻击性也被投射到这一形象上，父母在进行令人厌恶的性交，他们化身为一个可憎的、充满威胁的怪物。这个可怕的形象常常成为儿童噩梦和迫害妄想的核心内容。

从我目前所述的内容来看，显而易见，梅兰妮·克莱因认为儿童在很早的时候就已经意识到了男性生殖器和女性生殖器的存在，并且，关于阳具阶段和阳具女人的幻想是一种防御结构，具体表现为结合父母的一种变体。

在暑假前夕，一位躁狂症患者梦见了结合父母的形象。她梦见自己置身于一个市场，那里正上演着一场短暂的杂耍表演。在这场杂耍节目中，出现了一个胖得令人惊骇的男人，他怀了孕，还长着巨大的牙齿，正在向众人展示自己并发表演讲，而周围的人都在嘲笑他。患者则不确定自己是应该为这个人感到难过，还是应该加入众人的嘲笑行列。颇为不同寻常的是，患者对这个梦并没有直接的联想；在大部分时间里，她都在用轻蔑和嘲笑的态度暗中攻击我，但这似乎与梦中的荒谬场景并无直接关联。然而，在治疗接近尾声时，她提到自己最近听闻了一些关于我的事情。几周前，有人告诉她我要去剑桥进行演讲，她原本以为演讲会在大学校园内举行，但后来她得知，我其实只是去给一个学生组织做演讲。这个联想瞬间澄清了这个梦的含义。杂耍表演象征着那个学生组织，而那个肥胖的、怀孕的、正在展示自己的男人则代表着正在宣读论文的我。她无法参加的学生社团被贬低成了一个可怜的小杂耍。从之前的材料中我们了解到，患者对我所有的论文宣读活动都极为妒忌；在她眼中，这些论文既象征着我的男子气概，又代表着女性的生育能力。有时，这些论文还象征着我和丈夫通过良好的性交共同创造的婴儿。

对她而言，父母拥有良好的性交以及母亲能够生育孩子的情境，将她的嫉妒和妒忌推向了顶峰。通过将父母组合成一个怪物形象，她才得以应对这种情境。她还将自己的口欲攻击投射到这个怪物形象上，赋予它巨大的牙齿。患者常常觉得这样的形象极具威胁性和迫害性。然而，在这个梦中，她可以通过躁狂性的蔑视和嘲笑来对抗它。这个丑陋的怀孕男人作为一个可笑的形象，代表着患者对父母情境的嫉妒和妒忌的否认。用蔑视和嘲笑对它进行攻击，也是通过躁狂式的控制和嘲笑来否认这个形象的迫害性的一种方式。这个形象既遭受攻击，又包含了她投射进去的攻击性。

当然，这是一种极为危险的情形。后续的梦境显示，当蔑视难以维持且恐惧浮现时，患者在躁狂阶段会通过认同那个可怕的形象来应对。几个夜晚之后，她做了一个梦，在梦中她明显地认同了一辆失控的巨型卡车。

通过我刚才描述的梦境，我们可以观察到俄狄浦斯情结的早期阶段。这一早期阶段的特征是矛盾心理的尖锐性、口欲倾向的主导性以及性欲客体选择的不确定性。从这两个梦中，我们很难判断出哪一位父母是她最渴望的，哪一位是她的竞争对手。父母双方都是她所渴望的，同时也都是她所憎恨的，主导的攻击性指向了他们之间的关系。无论是从客体选择的角度，还是从性欲区的重要作用来看，在发展过程中，儿童对父母的选择会有所不同，力比多和攻击性的目标也会有所差异。力比多目标的发展源自早期的口欲目标，即通过口部吮吸乳房或阴茎，随后经过尿道和肛门的欲望阶段，直至发展到完全的生殖器欲望。我们现在倾向于认为，性器期出现得比过去所想象的要早得多，尽管它们在婴儿发育的后期才占据主导地位。这种从口腔到生殖器位置的发展，并非直接或简单地发生，而是持续波动的。儿童自身的生理发展，以及他早期欲望所遭遇的挫折感，驱使他迈向更高级的阶段。在新的位置上遇到的挫折和焦虑又会使他再次退行。因此，不同的欲望之间存在着不断的波动、重叠和冲突，直到生殖器欲望处于至高无上的地位，儿童必须经历并修通生殖器嫉妒的全部影响。同样，儿童对主要渴望的父母的选择也在不断地波动，并且在口欲期阶段，就已经为异性恋和同性恋客体选择奠定了基础。

无论是男婴还是女婴，他们最初渴望的主要客体都是母亲的乳房，而父亲从一开始就被视为竞争对手。然而，鉴于婴儿在与母亲及其乳房的关系中所体验到的迫害感和抑郁性焦虑，当他们渴望离开乳房时，父亲的阴茎很快便成了小女孩和小男孩口欲的替代性客体。

对于小女孩而言，从口欲转向阴茎的这一首次转变标志着异性恋的萌芽，这为生殖器情境以及将阴茎纳入她阴道的愿望奠定了基础。但与此同时，这一转变也促成了她的同性恋倾向。在该发展阶段，口欲与合并和认同紧密相连，她既渴望获得阴茎的喂养，又渴望拥有属于自己的阴茎。

对于小男孩来说，用父亲的阴茎来替代母亲的乳房，主要代表着被动的同性恋倾向。但与此同时，对父亲阴茎的纳入有助于他认同父亲，从而加强了他的异性恋倾向。

深入探究儿童与父母之间口欲关系的所有可能组合，以及口欲关系向生殖器关系发展的各种途径，将是一个极为复杂的过程。我只想简要说明，口腔欲望很快便会伴随着肛门、尿道和生殖器的欲望一同出现。无论是小女孩还是小男孩，这种对父亲阴茎的关注很快就会演变成生殖器情境，进而发展为与他性交并从他那得到婴儿的欲望。

当然，在此过程中，与母亲相关的生殖器情感也在逐渐增长。对恢复早期乳房关系的渴望转变为对生殖器结合的渴望。而且，与对母亲身体和乳房的伤害相关的抑郁情绪，刺激了儿童生殖器倾向的发展。儿童希望通过生殖器性交来修复母亲的身体，修复她的阴茎和婴儿，使她的乳房乳汁充盈。这种与母亲的关系可能主要与外部客体相关，在这种情况下，母亲成为生殖器欲望（男孩的异性恋和女孩的同性恋）的目标。或者，这些愿望可能主要针对儿童所认同的内部母亲。在后一种情况下，这种通过生殖能力修复母亲的愿望，会强化小女孩的异性恋欲望和小男孩的同性恋欲望。

随着发展的不断推进，生殖器目标开始占据主导地位。在这一目标的引领下，儿童在双亲选择上的波动逐渐减少，他们更加明确且持久地选择异性父母作为力比多欲望的客体，与同性父母的竞争和认同也在不断加强。日益增长的现实感促进了儿童对自己性别的感知，这有助于他们部分地放弃同性恋欲望，并接受自己的性别。从生殖器的角度来看，经典俄狄浦斯情结已经逐渐成形。

曾经发生在前性器期或性器期的自慰行为，逐渐转变为以生殖器为主，甚至是唯一的方式。即便是性器期的自慰行为，在起初阶段，其幻想也与口腔、肛门和尿道幻想密切相关，如今则会更加持续地聚焦于生殖器性交。男孩的幻想主要集中在与母亲的性交以及对阉割的恐惧上；而女孩的幻想则主要集中在与父亲的性交上，并对母亲的攻击感到焦虑。这些焦虑情绪反过来导致儿童出现退行，直至性器期得到更充分的确立。

然而，个体发展中的任何事物都无法被彻底克服或完全丧失，因此，性器期俄狄浦斯情结仍将带有早期欲望的痕迹，包括它们的象征性表征，这些表征在分析过程中会很快显现出来。生殖器行为将被视为融合并象征了所有早期关系形式的存在。我们也明白，异性恋选择永远不会是完全的终极形式。伴随着经典的正向俄狄浦斯情结，我们总会发现与其对应的反向俄狄浦斯情结，以压抑的象征形式存在。

以下材料揭示了一个明显正向的性器期俄狄浦斯情结背后的复杂性。

在圣诞假期之前，患者认为这与分析师怀孕的幻想有关，并报告了以下的梦境。

他计划前往南非度假。机票价格为 2 英镑，但他不确定自己是否有足够的资金。再次查看后，他发现自己拥有一盒方形的外币。他产生了一种神奇的感觉，仿佛金钱取之不尽。坐在休息室等待登机时，他为自己购买了两瓶啤酒。若他愿意，甚至还可以享用威士忌，他感到既富有又舒适。在缓缓登机的过程中，有人称赞他外表英俊。在飞机前部，他看到了自己的妹妹及其儿子。

这个梦首先让他联想到前天晚上与南非精神分析学家 S 博

士的会面，S博士来英国继续他的研究工作。他觉得自己远不如S博士，认为S博士比自己更为认真、更有价值。然而，S博士却生活在贫困之中。他辛勤工作，有时甚至忍饥挨饿，还要忍受寒冷的天气。与S博士相比，我的患者感到自己非常富有和舒适。尤其让他感到内疚的是，与S博士不同，他觉得自己主要是在赚钱。他脑海中涌现出诸多与南非相关的联想，那里是一个森林茂密、气候温暖且充满神秘色彩的国度，而他自己也对温暖有着强烈的渴望。他认为，梦中的钱象征着他的力量，也是他最为渴望的东西。他还好奇地询问我今年圣诞节是否会去南非度假，因为我此次的假期比以往稍长一些。

从表面上看，这是一个典型的俄狄浦斯式的梦境。在圣诞节期间，患者被留在寒冷的地方，而他的分析师和S博士（象征着丈夫或爱人）一同前往温暖的南非旅行。然而，在梦中以及他关于梦的联想里，这种情况发生了反转。在现实中被抛弃、忍受寒冷与饥饿的是S博士，而在梦中却是患者和他的分析师前往了南非；是他拥有强大的阴茎——用以实现这一目标的金钱。患者实际上已经自行对这个梦进行了解释，然而这部分带来的焦虑相对较少，他所有的焦虑都集中在梦中的一个细节上——方形的钱。对患者来说，钱一直是一个引发焦虑的话题；他的全能感和不诚实主要集中在这一点上。

他首先联想到方形的钱具有魔力，因为在梦中它是取之不尽、用之不竭的；接着，他突然想到方形的钱实际上是不存在的。而"方形"（square）一词也与公平交易（square deals）和诚实有关。他认为自己的钱拥有魔力，无所不能，不可能通过"公平"（square）的方式获得，他还觉得自己可能在以一种不诚实的方式使用它。随后，"方形"一词让他回想起自己的童年。在他所居住的地区，有些地方被称为"广场"（square），尽管它们的形状并非真正的方形。在他的童年记忆中，有一件事尤为突出：那个名为广场的地方对他来说是一个禁区，因为那里的男孩对居住在他那条街上的男孩怀有敌意。为了到达那里，他必须经过一条又长又窄的通道。在他看来，那里充满了神秘和危险，进入那里就意味着一场战斗。另一方面，居住在广场里的男孩比他和他的朋友们更加富有、更有品位。

所有这些联想都让他陷入了深深的焦虑之中，而焦虑的原因很快就浮出了水面。关于钱的欺骗涉及两个层面：首先，象征阴茎的钱是通过一种神奇却错误的方式获得的，这种方式涉及替代和掠夺他的父亲；其次，性交和使用阴茎只是表面行为，其真正目的是通过狭窄的通道回到子宫，占据新生婴儿的位置。前往南非的旅行，象征着前往子宫，并获取母亲身体内所有的财富。两杯啤酒让他联想到乳房，而威士忌则让他联想到阴茎。因此，在明显的性器期俄狄浦斯情结背后，隐藏着一种内疚的愿望，即渴望获得女性身体内部的财富。

这个主题贯穿了接下来的数次分析过程。随后，在他按照惯例即将收到我的账单的前一天晚上，他又做了一个梦，梦见有人给他寄来了一张金额为 89 或 98 英镑的支票。他首先将数字 8 和 9 与怀孕的月份联系起来，还想到自己收到的其中两张支票是"死后"支票，来源于死者的遗产，这些支票让他感到十分不安。在那次治疗的大部分时间里，我们主要探讨了他对未来的焦虑，其中较为明显的是，他感觉自己会持续地停留在分析过程中，而在当时，这象征着他仍然还是个婴儿，直到他能够变得比分析师更富有、更高大且更出色。

与前一个梦相似，这个梦同样涉及反转的元素；这一次，他改变了怀孕的情境。在梦中，他成了怀孕的母亲；收到支票代表着怀孕，这些支票被称为"死后"支票，意味着在分析师去世后，他将取代分析师成为怀孕母亲的位置。他一直在接受分析，直到变得比分析师更富有、更出色，这种想法与一个无意识的幻想相联系，即他会像胎儿一样待在子宫里，直到吸收了太多东西，导致富有的怀孕母亲死去，而他则成为母亲。因此，他表面上的生殖器位置（以及出现的强迫性滥交症状）只是表象。他的幻想是利用他的阴茎进入子宫，去占有它。尽管最初的意图是如同胎儿般栖居于子宫之中，但最终的目的却是掠夺他的母亲，并取而代之成为她。这体现了对母亲的原始妒忌与竞争心理的发展，尽管这一过程带有后续的性器期特征，但所有其他目的均受到了妒忌与竞争情绪的深刻影响。

另一位患者的状况则截然不同，这位患者在分析结束时，成功地将同性恋成分融入到他的异性恋生活中。在患者九个月大时，他便失去了父亲。他的主要症状表现为与儿童和男孩有关的同性恋倾向，以及在异性恋关系中的性无能。我们很快发现，他无意识中存在的一个问题是被动的同性恋愿望以及对年长男性的恐惧，而后者象征着他已故的父亲；这些愿望从未在意识层面上被体验过，因为已故的父亲在他心中是一个威胁他的迫害者形象，患者害怕遭到他的攻击。他的问题在于，他通过投射和反转的方式来应对这一问题，在这个过程中，他自己扮演了一个攻击性父亲的角色。随着分析接近尾声，他的症状逐渐消失，他幸福地步入了婚姻的殿堂，人际关系也有了显著的改善。在他的分析即将结束前不久，大约圣诞节前后，他渴望妻子怀孕，在此期间，他做了以下这个梦。

他梦见圣诞老人从烟囱爬下来，送给他一个包裹，随后患者会将这个包裹作为圣诞礼物转赠给他的妻子。在这个梦中，圣诞老人象征着我——赋予他男子气概的分析师，同时也代表着已故的理想化父亲，这位父亲赋予了患者男子气概，并助力他的妻子怀上婴儿。从烟囱下来显然象征着肛交，但与前一位患者不同，在这里，他期望从父亲那里获得的同性恋礼物，转化为他与女性关系中能力和创造力的结晶。进一步的联想也明确表明，这种同性恋与异性恋元素的结合，表达了他在自己的婚姻中象征性地使父母团聚的愿望。

当然，仅凭一章的篇幅无法全面涵盖俄狄浦斯情结的所有内容。我选择仅对某些方面进行评述，这将有助于阐释俄狄浦斯情结早期根源的重要性，以及个体在从原始口欲关系发展到弗洛伊德所描述的性器期的过程中，俄狄浦斯情结是如何逐步发展的。

参考文献

PAULA HEIMANN: "A Contribution to the Re-evaluation of the Oedipus Complex," *New Directions in Psycho-analysis* (Chapter 2), Melanie Klein and others, *Int. J. Psycho-Anal.,* vol. 33 (1952).

MELANIE KLEIN: "Early Stages of the Oedipus Conflict," p. 202, *Contributions to Psycho-analysis.*

"The Oedipus Complex in the Light of Early Anxieties," p. 339, *Int. J. Psycho-Anal.* (1945).

第 10 章

关于精神分析技术

仅凭描述，精神分析技术难以完整地呈现给读者。实际上，学习精神分析技术的唯一途径是在督导、研讨会或学习小组中讨论案例材料。本书的前几章主要涉及理论概念。为了阐释这些概念，我引用了一些临床材料。从这些临床材料中，我们可以汲取一些关于精神分析技术的见解。我试图通过这些临床材料来展现联想和诠释的全过程，例如第 7 章和第 8 章中的儿童案例材料。然而，一些临床记录可能会给人留下对这项技术的误导性印象。例如，我使用梦的材料来阐释一些基本的心理机制或结构，这可能会给人一种误导的印象，即我们直接用这些术语来诠释材料，而没有与患者的实际外部生活建立起前意识的联系和关联，等等。

人们常常询问梅兰妮·克莱因的发现以及她的概念在何种程度上影响了精神分析技术，以及这些技术又在多大程度上塑造了我们对患者材料的理解。毋庸置疑，从克莱因的理论视角出发，在处理临床材料时，确实存在着一些技术上的差异，而她的技术反过来又影响着分析师能够从患者身上获取何种材料，以及哪些材料能够发挥分析的作用。儿童分析技术的发明，使克莱因得以触及个体更原始的心智层面，进而让她发现了儿童心智的复杂内部世界，以及投射和内摄机制在儿童内在心理结构形成和外部关系中所扮演的重要角色。技术与理论相互影响，相互促进。

反之，以这种方式获得的新的理论知识，也必然会在她对成年人的分析技术中得到体现，诸如偏执－分裂心位和抑郁心位等概念，自然会影响分析师理解材料的方式。例如，在分析俄狄浦斯情境时，熟悉这些概念的分析师会特别关注投射性认同在患者感知父母性交的性质以及内部父母意象方面的作用，以及它在患者处理内部世界的方式中所发挥的作用。

克莱因认为，婴儿神经症是一种用以控制和修通早期精神病性焦虑的方法。这一观点如今已被广泛认可，且很可能为大多数分析师所接受，尽管他们对于早期婴儿焦虑的确切心理内容可能存在不同见解，但这具有深远的技术影响。对众多精神分析师而言，这标志着对基本精神分析方法的一种修正。在他们看来，精神分析的诠释方法对于处理完整的客体俄狄浦斯三角情结是有效的，但他们认为，若需应对由婴儿与乳房关系所引发的早期焦虑，单纯的精神分析方法是不够的，分析师必须提供一种环境因素来弥补婴儿期的不足。他们认为，这必须超越分析师的中立诠释角色。

克莱因从未持有此种观点，这实则是她技术中的关键所在。在此，理论与技术再次紧密相连。在儿童分析的早期阶段，当关于技术的争论达到高潮时，经典学派认为幼儿的自我过于不成熟，他们的超我过于薄弱，无法建立起精神分析的过程。因此，他们主张分析师应发挥指导作用，以支持儿童的自我，强化儿童的超我。然而，克莱因的观点恰恰相反，她认为幼儿的超我比大孩子的超我更为严厉、更具迫害性，所以分析师的工作重点应在于降低超我的严重程度。通过诠释，儿童的自我便能更自由地发展。在她看来，任何偏离分析师中立角色的行为都将干扰这一进程。她发现，一个会说话的孩子拥有足够的自我来建立一种精神分析关系，即便对于一个患精神病且不能说话的孩子来说也是如此（参见论文《象征形成在自我发展中的重要性》）。她后来的发现以及心位概念也并未改变这一观点。事实上，她和她的追随者们认为，越是深入的分析，过程就会越原始，也就越需要严格地坚持基本的精神分析方法。只有当分析师的基本功能不被患者的投射所改变时，他才能帮助患者区分外部与内部世界，并使患者意识到他对世界的看法在多大程度上受到其全能幻想的影响。我的一位精神分裂症患者简洁地表达了这一点。这位患者经常迟到。有一次，在治疗快结束时，他给我施加了很大的压力，希望我能延长治疗时间。考虑到他不稳定的情况，我本想答应他的请求，但在向他诠释了他给我带来的处境后，我按时结束了治疗。第二天，他告诉我这

给他带来了极大的安慰，并说："在我的世界里，你是唯一一个
知道时间的人。如果连你都不知道时间，那么所有的一切都将
荡然无存。"

当然，严格遵循基本的精神分析方法并不意味着我们应变
得僵化。对于某些患者，有时可能需要一周进行七次治疗；对
于一些精神病患者或幼儿，可能需要制订一些特别的预案，例
如他们如何参加治疗或治疗结束后如何离开等。但一旦建立了
这些预案，就不应再受患者疾病的控制。患者投射给分析师的
不仅是他的内部意象，还包括他的部分自我。患者的病情越严
重，他就越无意识地促使分析师将这些投射付诸行动。分析师
若真的付诸行动，实际上会确认患者的全能幻觉，这也会使患
者的人格因投射而变得更加贫乏；相反，如果分析师接纳并理
解这些投射（而非将它们付诸行动），并逐渐将心理内容反馈
给患者，患者便能获得一种被涵容在精神分析情境中的基本安
全感。

我想强调的是，精神分析的基本设置、态度和方法并未因
我们的理论观点而改变，反而得到了进一步的加强。例如，对
投射性认同运作机制的理解，使我们更加清晰地认识到分析师
为何不能偏离其角色。另一方面，技术细节以及对分析材料的
实际处理不可避免地受到分析师心理动力观点的影响。例如，
通过追踪患者在构建内部世界过程中所涉及的投射和内摄机制，

分析师能够进行更为连贯的诠释干预，诠释患者对他的看法以及患者如何内化分析师。分析师可能会关注诠释如何影响患者后续材料的呈现，他通常更关注双方的互动，而非单纯的经典技巧。分析师对移情的重视程度提高，这也与理论观点密切相关。正如我在第 2 章中所尝试阐释的，克莱因学派认为与外部世界的关系以及对它的兴趣源于无意识幻想的外化和象征化。由于分析师代表着患者内部的人物，因此患者带来的所有材料都蕴含着移情的动力因素。我所说的"移情性诠释"，并不仅限于对当下的诠释。完整的移情诠释应涵盖患者当前生活中的外部关系、患者与精神分析师之间的关系，以及这些关系与患者过去和父母关系之间的联系。移情诠释还应努力在患者的内部人物和外部人物之间建立联系。当然，这样的诠释往往篇幅较长，很少能够充分完成，但是，若你希望在某个时刻进行移情性诠释，就应将这些要素综合起来。

因此，我们对无意识幻想在心理结构中作用的理解，促使我们更加重视移情，并引发了对心理机制的不同诠释。常有人问："诠释投射与诠释投射性认同的区别何在？"在诠释投射时，我们向患者指出，他将一个实际上属于自己的特征归咎于他人；而在诠释投射性认同时，我们致力于阐释无意识幻想的细节。在第 3 章中，我以"狐狸"的儿童案例材料为例，展示了这种诠释的方式。我们的目标是让患者理解投射性幻想的动机，以及这些幻想如何影响了他对客体和自我的感知。例如，我们可以向患者展示他的攻击性性欲是如何投射到父母的性交中的，从而让他觉得父母很残忍，具有性欲方面的危险，这也是他觉得自己没有攻击性性欲的原因。在诠释投射性认同时，至关重要的一点是，不要无意识地将患者投射的东西"推回去"。像"你把愤怒放到了我身上"或"你把不信任放到了我这里"这类缺乏进一步阐述的特别诠释，会让患者体验到投射的东西被迫害性地推了回来。我们必须考虑到患者的动机、焦虑和投射目的，并始终在整个关系的背景下进行诠释。我有一位患者，在与我共同分析之前，她接受过几次分析治疗，但由于她固执的沉默，这些治疗都未能成功。她最初的沉默与投射性认同有关，但沉默的意义随着时间的推移而不断变化。起初，我主要将其诠释为一种交流方式，我对她诠释道，她想让我体验被切断联结和无法沟通的感觉。后来，当她处于抑郁心位时，我诠释道，她想让我体验拥有一个没有活力的内部客体（躺在躺椅上的她）是什么感觉，以及对此既感到内疚又无力让它复活的感觉。再后来，患者不再那么需要出于痛苦和沟通而进行投射，她的沉默变得更具攻击性。此时，我可以诠释她将失败和不足的感觉投射到我身上，她的动机是双重的：一方面，她想要摆脱内心的这种感觉；另一方面，她出于报复、怨恨和妒忌，将这种感觉投射到我身上。无论是哪种情形，她的沉默都会导致一个恶性循环：她把痛苦的感觉投射到我身上，同时她又害怕我会把痛苦推回给她。因此,她的沉默也具有防御功能,即她不说话是为了防止我用诠释穿透她,而我不得不对此进行诠释。

当然,这就引出了一个关于诠释程度的问题,尤其是对于一个沉默的患者而言。在这一点上,每位分析师都有其独特的风格,并会根据整体情境来做出诠释。对于我所描述的那位患者,起初我进行了大量的诠释,因为显而易见,她无法开口讲话。直到我通过理解她的投射性认同与她建立起联系,并促使她允许自己活跃的部分重新整合,她才能够讲话。但在后续的治疗过程中,尤其是当沉默具有攻击性或被用作防御手段以阻隔接近意识的内容时,我有很长一段时间并未对她的沉默进行诠释。患者也明白我为何改变了处理她沉默的方式,因为有一天,她抱怨说,以前我一直在诠释她的沉默,而现在我总是保持沉默,但她接着说:"但是,我觉得你可能没有选择。"

在分析过程中,对技术的考量与对动力因素及治疗目的的观点是密不可分的。当弗洛伊德发现动态无意识过程以及压抑的防御机制时,精神分析技术的目标在于解除压抑,使无意识内容意识化,即遵循"本我所在之处,自我也将存在"的原则。那么,后续的研究成果是否改变了这一基本目标呢?从根本上讲,治疗目标依然如故,依然是要解放自我,促使其成长成熟,并建立起令人满意的客体关系。然而,如今我们对内部客体的复杂结构以及自我的成长有了更为深入的理解。自我的成长不仅仅是一个逐渐成熟的过程，更是一个因与内部客体的关系而得以促进或受到阻碍的过程。我们对自我发展过程中出现的扭曲现象有了更加清晰的认识，即那些负载着焦虑的内部客体关系以及防御过程，如分裂、碎片化和病理性投射性认同，会直接影响自我的整合。对这些过程的分析，有助于自我恢复正确感知客体的能力，并建立起更具建设性的客体关系，进而推动个体的成长与发展。

在精神分析研讨会上，常有人提出这样一个问题：在精神分析中，促使改变的因素是更多地与洞察力相关，还是与矫正客体关系更为密切？在我看来，这两个因素是密不可分的。因为只有当患者与分析师建立起一种安全的分析性关系，分析师不投射或不直接采取行动，而是作为一个旨在理解患者的合作伙伴时，患者才能够发展出真正的洞察力。另一方面，患者也只有通过洞察自己的内心世界，才能在与内在和外在现实的互动中建立起更好的客体关系。对精神现实的探索依然是精神分析过程的首要目标。

参考文献

Adult Technique

HANNA SEGAL: "Melanie Klein's technique" in *Psychoanalytic*

Techniques. ed. Wolman (New York: Basic Books, 1967).

Child Technique

MELANIE KLEIN: *Psycho-Analysis of Children* (London: Hogarth, 1932).

"Richard" in *Narrative of a Child Analysis* (London: Hogarth, 1961).

DONALD MELTZER: *The Psychoanalytical Process* (London: Heinemann Medical, 1967).

HANNA SEGAL: "Melanie Klein's technique" in *Handbook of child psychoanalysis*, ed. Wolman (New York: Van Nostrand Reinhold Company, 1967).

本列表并不旨在涵盖所有术语，所列出的均为学生询问频率较高的术语。部分术语的解释源自克莱因或她的同事，其余则是在精神分析领域较为常用的术语，由于它们在克莱因的作品中具有特殊的使用方式，故在此也予以介绍。

焦虑（anxiety） 被视为自我对死亡本能运作的一种反应。当死亡本能发生偏移时，主要呈现为三种形式。

- 偏执性焦虑（paranoid anxiety） 源于个体将死亡本能投射至一个或多个客体上，这些客体随后被感知为迫害者。焦虑表现为对这些迫害者可能毁灭自我及理想客体的恐惧。它起源于偏执 – 分裂心位。

- 抑郁性焦虑（depressive anxiety） 是一种担忧自己的攻击性可能会毁灭或已经毁灭了自己所珍视的好客体的焦虑。这种焦虑既代表客体的感受，也代表自我的体验，自我在与客体的认同中感受到威胁。它起源于抑郁心位，此时，婴儿已能够将客体视为一个完整的存在,并能体会到自己内心的矛盾情感。

- 阉割焦虑(castration anxiety) 主要表现为一种偏执性焦虑,源自儿童对自己攻击性的投射,但同时也可能包含抑郁性因素,例如,担心失去阴茎,从而失去了能够进行补偿的器官。

怪异客体(bizarre objects) 这是病理性投射性认同的结果。在此过程中,个体感知到客体分裂成了众多微小的碎片,每个碎片都蕴含着自体所投射的部分。在个体的体验中,这些怪异客体充满了敌意。

结合父母(combined parents) 这是一种关于父母在性交中结合的幻想。其起源在于个体尚未将父亲完全从母亲那里区分出来,父亲的阴茎被感知为母亲身体的一部分。当俄狄浦斯式焦虑被唤起时,这种幻想会退行式地重新激活,作为一种拒绝父母性交的手段。在儿童的感受中,结合父母通常是一个可怕的人物。

抑郁心位(depressive position) 当婴儿意识到母亲是一个完整的个体时,便进入了这一阶段。抑郁心位是一系列客体关系和焦虑的构型,其特点是婴儿感觉自己对一位他矛盾地爱着的母亲发起了攻击,并失去了作为外部和内部客体的母亲。这种体验会引发痛苦、内疚和失落感。

抑郁（depression） 一种心理状态，在此状态下，个体部分或完全地体验到了抑郁心位的痛苦感受。这可能是一个面对失去的正常反应，也可能是神经症性或精神病性的病理反应。

早期妒忌（early envy） 婴儿所经历的妒忌主要与哺乳的乳房相关。这可能是死亡本能最早的表现形式，因为它所攻击的对象被视为生命的源泉。

- 过度的早期妒忌（excessive early envy）是精神病理学的一个关键因素。

早期俄狄浦斯情结（early oedipus complex） 指的是婴儿在抑郁心位阶段开始体验到的俄狄浦斯关系。这种体验起始于前性器期，早于性器期。

内疚感（guilt） 这是一种因意识到自己破坏了所爱之物而产生的痛苦感受。它源自抑郁心位，在此阶段，父母被视作完整的个体，个体对他们产生了矛盾的情感。在抑郁心位中，那些矛盾地被爱着的父母构成了超我的核心。

理想化（idealization） 这是一种分裂症机制，与分裂和否认的防御机制紧密相连。婴儿否认客体身上那些自己不需要的特性，将自己的力比多投射到客体上。虽然理想化主要与偏执－分裂心位相关，但它也可以被用作躁狂防御抑郁性焦虑的一部分。

认同（identification） 通常被视为内射或投射过程的结果。

- 内摄性认同（introjective identification） 是指客体被内摄入自我后，自我随后与该客体的部分或全部特征产生认同的结果。

- 投射性认同（projective identification） 是将自我的某一部分投射到客体中的结果。这可能导致自我感知到客体已经获得了自我投射部分的特征，也可能引发自我与投射客体之间的认同。

- 病理性的投射性认同是自我或自我的某部分发生微小崩解的结果，随后这些部分被投射到客体中并导致客体的崩解；它促成了"怪异客体"的诞生。

内部客体（internal objects） 指被内摄入自我的客体。

内部世界（internal world） 是无意识幻想作用的结果，在此过程中，客体被内摄，进而在自我内部构建起一个复杂的内部世界。在这个世界里，个体认为内部客体之间以及内部客体与自我之间存在着动态的相互关系。

躁狂防御（manic defences） 是在抑郁心位逐渐形成的一种防御机制，用以抵御抑郁性焦虑、内疚感以及丧失体验的防御。它们建立在对精神现实的全能否定之上，而客体关系的特征是胜利感、控制感和蔑视感。

偏执－分裂心位（paranoid-schizoid position） 是个体发展的最初阶段。其特征表现为与部分客体的关系，以及在自我和客体中广泛存在的分裂现象和偏执性焦虑。

部分客体（part objects） 这是具有偏执－分裂心位特征的客体。婴儿最初体验到的部分客体是乳房。不久之后，其他部分客体——首先是阴茎，也被婴儿所感知。

- 理想客体（ideal object） 乳房或阴茎，是婴儿在偏执－分裂心位中所体验的客体。由于分裂以及对迫害感的否认，婴儿将所有美好的体验，无论是真实的还是幻想的，都归因于这个他渴望拥有并认同的理想客体。

- 坏客体（迫害性客体）［bad object（persecuting object）］ 这是因偏执－分裂心位的分裂而被感知到的客体。婴儿将所有的敌意投射到坏客体上，他所体验到的所有负面感受都会被归咎于坏客体的行为。

- 好客体（good object） 通常所说的好的部分客体指的是乳房或阴茎。当个体处于抑郁心位，并且与积极的体验相联系时，便能够感知到这一好客体的存在。它被视为生命、爱以及一切美好事物的源泉，但并非理想化的存在。与理想客体相比，个体能够意识到好客体的负面品质，这可能会带来沮丧感；个体认为好客体容易受到攻击，因此常被视作受损或被摧毁的状态。好乳房和好阴茎分别与好母亲和好父亲相关联，并且可能在整体客体关系完全建立之前就被个体所体验。

迫害者（persecutors） 是指个体将死亡本能投射其中的客体。它们会引发偏执性焦虑。

精神现实（psychic reality） 精神现实的体验是指个体对其内部世界的感知，涵盖了对冲动以及内部客体的体验。

现实感（reality sense） 是指体验精神现实本身，并将其与外部现实区分开来的能力。它涉及对内部世界和外部世界的同步体验及相互关联。

修复（reparation） 是一种自我活动，目的在于恢复所爱的受损客体。它出现在抑郁心位，作为对抑郁性焦虑和内疚的反应。修复也可以成为躁狂防御系统的一部分，在这种情况下，它带有否认、控制和蔑视的躁狂特征。

分裂（splitting） 涉及自我与客体两个方面。最初的分裂发生在好自我与坏自我、好客体与坏客体之间。死亡本能的偏移涉及包含破坏性冲动的部分从包含力比多的部分中分裂出来。

整体客体（whole objects） 是指个体将另一个人感知为一个完整的人。将母亲感知为一个整体客体是抑郁心位的特征。整体客体既与部分客体形成对比，也与被分裂成理想部分和迫害部分的客体形成对比。矛盾心理和内疚感是在与整体客体的关系中被体验到的。

参考文献

梅兰妮·克莱因的参考书目

（按英文版本出版时间排序）

(1921) "The development of a child" *Int. J. Psycho-Anal., 4*; and in *Contributions.**

(1923) "The role of the school in the libidinal development of the child" *Int. J. Psycho-Anal., 5*; and in *Contributions.**

(1926) "Infant analysis" *Int. J. Psycho-Anal., 7*; and in *Contributions.**

(1926) "The psychological principles of infant analysis" *Int. J. Psycho-Anal., 8*; and in *Contributions.**

(1927) Contribution to "Symposium on Child Analysis" *Int. J. Psycho-Anal., 8*; and in *Contributions.**

---

*   *Contributions to Psycho-Analysis, 1921-45* (London: Hogarth, 1948).

(1927) "Criminal tendencies in normal children" *Brit. J. med. Psycho., 7*; and in *Contributions.**

(1928) "Early stages of the Oedipus complex" *Int. J. Psycho-Anal., 9*; and in *Contributions.**

(1928) "Notes on 'A Dream of Forensic Interest' by D. Bryan" *Int. J. Psycho-Anal., 9.*

(1929) "Personification in the play of children" *Int. J. Psycho-Anal., 10*; and in *Contributions.**

(1929) "Infantile anxiety situations reflected in a work of art and in the creative impulse" *Int. J. Psycho-Anal., 10*; and in *Contributions.**

(1930) "The importance of symbol-formation in the development of the ego" *Int. J. Psycho-Anal., 11*; and in *Contributions.**

(1930) "The psychotherapy of the psychoses" *Brit. J. med. Psychol., 10*; and in *Contributions.**

(1931) "A contribution to the theory of intellectual inhibition" *Int. J. Psycho-Anal., 12*; and in *Contributions.**

(1932) *The Psycho-Analysis of Children* (London: Hogarth).

(1933) "The early development of conscience in the child" in *Psychoanalysis Today* ed. Lorand (New York: Covici-Friede); and in *Contributions.**

---

* *Contributions to Psycho-Analysis, 1921-45* (London: Hogarth, 1948).

(1934) "On criminality" *Brit. J. med. Psychol., 14*; and in *Contributions.**

(1935) "A contribution to the psychogenesis of manicdepressive states" *Int. J. Psycho-Anal., 16*; and in *Contributions.**

(1936) "Weaning" in *On the Bringing up of Children* ed. Rickman (London: Routledge).

(1937) "Love, guilt and reparation" in *Love, Hate and Reparation,* with J. Riviere (London: Hogarth).

(1940) "Mourning and its relation to manic-depressive states" *Int. J. Psycho-Anal., 21*; and in *Contributions.**

(1942) "Some psychological considerations" contributed to *Science and Ethics* ed. Waddington (London: Allen & Unwin).

(1945) "The Oedipus complex in the light of early anxieties" *Int. J. Psycho-Anal., 26*; and in *Contributions.**

(1946) "Notes on some schizoid mechanisms" *Int. J. Psycho-Anal., 27*; and in *Developments in Psycho-Analysis* (1952).

(1948) "A contribution to the psychogenesis of tics" in *Contributions.**

(1948) *Contributions to Psycho-Analysis, 1921-45* (London: Hogarth).

_____

* *Contributions to Psycho-Analysis, 1921-45* (London: Hogarth, 1948).

(1948) "A contribution to the theory of anxiety and guilt" *Int. J. Psycho-Anal., 29*; and in *Developments in Psycho-Analysis* (1952).

(1950) "On the criteria for the termination of a psychoanalysis" *Int. J. Psycho-Anal., 31.*

(1952) "The origins of transference" *Int. J. Psycho-Anal., 33.*

(1952) "Some theoretical conclusions regarding the emotional life of the infant" in *Developments in Psycho-Analysis* (1952).

(1952) "On observing the behaviour of young infants" in *Developments in Psycho-Analysis* (1952).

(1952) *Developments in Psycho-Analysis* ed. J. Riviere (London: Hogarth).

(1952) "The mutual influences in the development of ego and id" *Psycho-Anal. Study Child, 7.*

(1955) "The psycho-analytic play technique: its history and significance" in *New Directions in Psycho-Analysis* (1955).

(1955) "On identification" in *New Directions in Psycho-Analysis* (1955).

(1955) *New Directions in Psycho-Analysis*, with P. Heimann, R. Money-Kyrle, et al. (London: Tavistock; New York: Basic Books).

(1956) "The psychoanalytic play technique" *Amer. J. Orthopsychiat., 25.*

(1957) *Envy and Gratitude* (London: Tavistock; New York: Basic

Books).

(1958) "The development of mental functioning" *Int. J. Psycho-Anal.*, *39*.

(1959) "Our adult world and its roots in infancy" *Hum. Relations*, *12*; and in *Our Adult World and Other Essays* (1963).

(1961) *Narrative of a Child Analysis* (London: Hogarth; New York: Basic Books).

(1963) "On identification" in *Our Adult World and Other Essays* (1963).

(1963) "On the sense of loneliness" (1960) in *Our Adult World and Other Essays* (1963).

(1963) "Some reflections on 'The Oresteia'" (posthumous) in *Our Adult World and Other Essays* (1963).

(1963) *Our Adult World and Other Essays* (London: Heinemann; New York: Basic Books).

(1975) *The Writings of Melanie Klein*, 4 volumes (London: Hogarth; New York: The Free Press, 1984).

This complete edition of Melanie Klein's writings was published under the general editorship of Roger MoneyKyrle, in collaboration with Betty Joseph, Edna O'Shaughnessy and Hanna Segal. Sponsored by the Melanie Klein Trust and arranged in chronological sequence, the four volumes are:

I *Love, Guilt and Reparation and Other Works, 1921-45*

II *The Psycho-Analysis of Children*

III *Envy and Gratitude and Other Works, 1946-63*

IV *Narrative of a Child Analysis*

The first three volumes include Explanatory Notes by the Editorial Board of the Trust, placing the main themes in relation to Melanie Klein's earlier and later thought on the same topic. Volume IV has a Foreword by Elliott Jaques.

对梅兰妮·克莱因作品的若干重要探讨

BRIERLEY, Marjorie. 1951: "Problems connected with the Work of Melanie Klein." Chapter III in *Trends in Psycho-Analysis* (London: Hogarth).

GLOVER, Edward, 1933: Review of *The Psycho-Analysis of Children* by Melanie Klein. *Int. J.Psycho-Anal., 14, pp.* 119-29.

GUNTRIP, Harry. 1961: "The Psychodynamic Theory of Melanie Klein" and "Melanie Klein: Theory of Early Development and 'Psychotic' Positions." Chapters 11 and 12 in *Personality Structure and Human Interaction* (London: Hogarth).

JOFFE, W. G. 1969: "A Critical Review of the Status of the Envy Concept." *Int. J.Psycho-Anal., 50*, pp. 533-45.

MONEY-KYRLE, Roger. 1966: "British Schools of Psycho-analysis: Melanie Klein and Kleinian Psychoanalytic Theory" in *American Handbook of Psychiatry*, vol. 3, edited by Silvano Arieti (New York: Basic Books).

PAYNE, S. M. 1946: "Notes on Developments in the Theory and Practice of Psycho-Analytical Technique." *Int. J.Psycho-Anal., 27*, pp. 12-19.

RICKMAN, John. 1950: "The Development of Psychological Medicine" in *Selected Contributions to Psycho-Analysis* (London: Hogarth, 1957).

SCOTT, W. Clifford M. 1949: "Psychoanalysis: The Kleinian View." *British Medical Bulletin*, Vol. 6, No. 1-2, pp. 31-35.

SEGAL, Hanna. 1967: "Melanie Klein's Technique" in *Psychoanalytic Techniques*, edited by Benjamin B, Wolman (New York: Basic Books).

SMIRNOFF, Victor. 1966: "Phantasmes inconscients et Constitution de l'objet dans les conceptions de Melanie Klein" and "Les conceptions de Melanie Klein," Chapter V, Part III, and Chapter VI, Part HI, in *La Psychanalyse de l'enfant* (Paris: Presses Universitaires de France).

WINNICOTT, D. W. 1935: "The Manic Defence" in *Collected Papers* (London: Tavistock Publications, 1958).

1955: "The Depressive Position in Normal Emotional

Development" in *Collected Papers* (London: Tavistock Publications, 1958).

1958: "Psycho-Analysis and the Sense of Guilt" in *The Maturational Processes and the Facilitating Environment* (London: Hogarth, 1965).

1959: Review of Envy and Gratitude by Melanie Klein in *Case Conference* 5.

1962: "A Personal View of the Kleinian Contribution" in *The Maturational Processes*, 1965.

ZETZEL, Elizabeth R. 1953: "The Depressive Position" in The *Capacity for Emotional Growth* (London: Hogarth, 1970).

1956: "Concept and Content in Psychoanalytic Theory" in *ibid*.

北京阅想时代文化发展有限责任公司为中国人民大学出版社有限公司下属的商业新知事业部，致力于经管类优秀出版物（外版书为主）的策划及出版，主要涉及经济管理、金融、投资理财、心理学、成功励志、生活等出版领域，下设"阅想·商业""阅想·财富""阅想·新知""阅想·心理""阅想·生活"以及"阅想·人文"等多条产品线，致力于为国内商业人士提供涵盖先进、前沿的管理理念和思想的专业类图书和趋势类图书，同时也为满足商业人士的内心诉求，打造一系列提倡心理和生活健康的心理学图书和生活管理类图书。

《荣格派精神分析》

- 一部凝聚了 40 位当代知名荣格分析师智慧结晶，从深度和广度了解荣格精神在当代心理治疗中的继承和实践的经典之著。
- 国际分析心理学会（IAAP）前主席莫瑞·斯坦主编，华中科技大学同济医学院教授施琪嘉作序推荐。

《新精神分析：心理咨询师必知的 100 个核心概念》

- 第一本新精神分析入门工具书。
- 首次对新精神分析的概念进行不同流派的横向比较及解释。
- 贾晓明 / 张天布 / 朱建军 / 丛中联袂推荐。

《我在美国当精神科医生》

- 走进 18 位精神疾病患者鲜活的世界，看见人世百态，体味人间悲喜。
- 在形形色色的人间悲欢和点点滴滴的人世温情中，照见并疗愈自己。

《煤气灯效应：摆脱精神控制（疗愈版）》

- 30 多个实用练习 +100 多个写作练习 +3 个循序渐进的阶段，帮助 PUA 受害者摆脱毒性关系，冲破至暗时刻，实现精神康复，重塑生活信心。
- 恋爱脑醒脑之书，职场被打压者自救之书，原生家庭禁锢者重生之书！
- 周宗奎、李还胜、汪靓芬推荐。

《摆脱精神内耗：为什么我们总被内疚、自责和负罪感支配》

- 习惯性内疚是一种无谓的精神内耗，只有摆脱它，我们才能放下沉重的精神负担，好好爱自己、爱他人。有时内疚是积极的，它会促使我们弥补错误，成为有责任和担当的人。
- 资深生活教练的倾心之作，提出摆脱精神内耗行之有效的剥离流程，帮助我们对内疚的事情进行剖析，找出内疚的深层次原因。
- 改变自己的内疚思维模式，从根本上摆脱内疚感，解放自我，重新掌控生活的方向。

《治愈言语虐待：从精神暴力创伤中康复》

- 言语暴力虽不能攻其身，却能诛其心，伤人于无形之中。
- 知名婚姻与家庭治疗师帮助你找到摆脱言语虐待的出口，重拾内心的光明。